GRUNDLAGEN DER MAGNETISCHEN SIGNALSPEICHERUNG

II

ELEKTRONISCHES RECHNEN UND REGELN

Herausgegeben von

Prof. Dr. Dr. E. h. HANS FRÜHAUF
Prof. Dr. WILHELM KÄMMERER · Prof. Dr. KURT SCHRÖDER
Prof. Dr. HELMUT THIELE · Prof. Dr. HORST VÖLZ

Sonderband 8

GRUNDLAGEN DER MAGNETISCHEN SIGNALSPEICHERUNG

II

bearbeitet
von

HORST VÖLZ

AKADEMIE-VERLAG · BERLIN
1970

GRUNDLAGEN DER MAGNETISCHEN SIGNALSPEICHERUNG

BAND II

MAGNETBÄNDER UND GRUNDLAGEN DER TRANSPORTWERKE

VON

CHRISTOPH SCHNEIDER, HORST VÖLZ

Mit 89 Abbildungen und 3 Tabellen

AKADEMIE-VERLAG · BERLIN
1970

Erschienen im Akademie-Verlag GmbH, 108 Berlin, Leipziger Straße 3—4

Lizenznummer: 202 · 100/423/70
Gesamtherstellung: VEB Druckerei „Thomas Müntzer", 582 Bad Langensalza
Bestellnummer: 5583/II · ES 29 K 2, 20 K 3

VORWORT

Für die Reihe „Grundlagen der magnetischen Signalspeicherung" sind 6 Bände vorgesehen. Bisher erschienen Bd. I, IV und VI. Sie behandelten informationstheoretische, magnetische und juristische Grundlagen; die Magnetköpfe, digitale Transportwerke und die Theorie.

Der vorliegende Band II enthält die Probleme des Magnetbandes und der Grundlagen für die Transportwerke. Für das Magnetband zeichnet Herr Dipl.-Chemiker SCHNEIDER verantwortlich. Als leitender Mitarbeiter im Bereich Forschung und Entwicklung des VEB Filmfabrik Wolfen besitzt er einen hervorragenden Überblick. Bei den Transportwerken bestand für den Autor die Schwierigkeit, erstmalig einen Überblick zu schaffen. Er kann noch nicht ideal sein. Deshalb — und dies gilt auch für die schon vorliegenden Bände — sind Herausgeber und Autoren stets für Hinweise jeglicher Art dankbar.

An dieser Stelle ist es dem Herausgeber ein ehrliches Bedürfnis, seinen Kollegen für die Bereitschaft und Zuverlässigkeit und das Verständnis bei notwendigen Änderungen herzlich zu danken. Dank gebührt auch den Mitarbeitern des Verlages für das stets erneute Eingehen bei Terminverschiebungen, für die gute, freundschaftliche Zusammenarbeit und die geschmackvolle Ausgestaltung der Bände.

HORST VÖLZ

INHALTSVERZEICHNIS

1. Magnetband

Von Christoph Schneider

1.1 Kurzer geschichtlicher Überblick

Der unmittelbare Impuls für das Magnetband kam 1928 von Fritz Pfleumer [1], der vorschlug, magnetisierbares Pulver auf unmagnetische Unterlagen aufzubringen. Die Verstärkertechnik war inzwischen so weit, daß dieser Gedanke technischen Nutzen versprach. Allerdings hatte die Papierunterlage den Nachteil geringer mechanischer Festigkeit und ungenügender Gleichmäßigkeit. Die AEG, die das Pfleumersche Patent verwerten wollte, wendete sich dann an die IG Farben, Werk Ludwigshafen, und es wurde vereinbart, daß die AEG die Geräte, die IG aber das magnetisierbare Band entwickeln sollte.

1932 wurde der AEG [2] ein Tonträger mit Carbonyleisen als magnetisch aktiver Substanz patentiert, und 1934 lieferte die BASF die ersten 50000 m Magnetband für die Funkausstellung an die AEG. Dieses Band hatte auf Vorschlag der BASF bereits eine Azetylzelluloseunterlage, die mechanisch fester war und sich gleichmäßiger herstellen ließ als Papier.

Die nächste Verbesserung betraf sodann die magnetisierbare Substanz: Das Eisenpulver wurde durch das schwarze Eisenoxid Fe_3O_4 und schließlich durch das braune γ-Fe_2O_3 abgelöst. 1944 erschienen die ersten Magnetbänder mit der mechanisch widerstandsfähigen PVC-Folie als Trägersubstanz auf dem Markt.

Ebenfalls zu Anfang der vierziger Jahre konnte die Wiedergabequalität magnetischer Tonaufzeichnungen durch die Einführung der Hochfrequenzlöschung und -vormagnetisierung (von Braunmühl und Weber) so wesentlich verbessert werden, daß der Rundfunk immer mehr hochwertige Musiksendungen auf Magnetband konservierte und der Anteil der Direktsendungen geringer wurde. Nach 1945 begannen die USA, sich intensiv mit der Magnetbandaufzeichnung zu beschäftigen. Im Gegensatz zu Deutschland, wo bis dahin nur der professionelle Sektor Magnetbänder verwendete, wurde in anderen Ländern das Verfahren so weiterentwickelt, daß es auch für den Amateur einsetzbar war. Das bedeutete, daß neben kleinen und preiswerten Geräten auch höherempfindliche, magnetische *harte* Magnetbänder produziert werden mußten, die auch bei geringen Geschwindigkeiten hohe Frequenzen ausreichend gut wiedergaben. So wurden die nadel- oder stäbchenförmigen Eisenoxide eingeführt, die beim Beschichtungsprozeß zudem in der Aufzeichnungsrichtung ausgerichtet werden konnten.

Für die Schallaufzeichnung bedeutete das eine gewaltige Steigerung der Informationsdichte: Ursprünglich wurde beim Rundfunk mit 76,2 cm/sec mit einer Spur auf der ganzen Bandbreite aufgenommen. Die Standardgeschwindigkeit für Heimtonbandgeräte beträgt heute 9,53 cm/sec, wobei auf einem Band 2 oder 4 Spuren aufgezeichnet werden. Dies bedeutet eine Steigerung der Informationsdichte auf das 64- bzw. 128-fache. Für den privaten Gebrauch sind auch niedrigere Bandgeschwindigkeiten (4,75 und 2,37 cm/sec) in Gebrauch, wodurch sich die Aufzeichnungsdichte nochmals entsprechend erhöht.

Auch das Unterlagematerial wurde fortlaufend verbessert. Neben der heute noch verwendeten Azetylzellulose konnten sich in gewissem Umfang PVC-Folien und vor allem Polyesterfolien durchsetzen. Die mechanisch sehr stabile Polyesterfolie erlaubte es, Magnetbänder mit sehr geringer Unterlagendicke herzustellen. Heute sind Magnetbänder im Handel, deren Gesamtdicke nur noch ein Drittel bis ein Sechstel des Standardbandes beträgt. Weitere Verbesserungen in den letzten Jahren bezogen sich vor allem auf die Gleichmäßigkeit der Beschichtung sowie auf einzelne elektroakustische und mechanische Eigenschaften der magnetischen Schicht.

Die Entwicklung auf dem Magnetbandgebiet in den letzten 15 Jahren ist in besonders starkem Maße durch die Erschließung neuer Anwendungsgebiete mittels speziell entwickelter Bandtypen gekennzeichnet. Heute kommen die wesentlichen Impulse für die Magnetbandentwicklung nicht mehr von der Schallaufzeichnung, sondern von der Aufzeichnung technischer Daten in digitaler oder analoger Form.

1.2. Kennwerte des Magnetbandes

1.2.1. Mechanische Kennwerte

Die mechanischen Kennwerte gelten gleichermaßen für alle Bandtypen, und zwar unabhängig von ihrem Einsatzgebiet. Dabei gibt es Daten wie Breite, Dicke, Säbelförmigkeit, Welligkeit usw., die unmittelbar meßbar sind. Dann gibt es Daten, die hauptsächlich durch die Unterlage bestimmt sind (z. B. Reißfestigkeit und Dehnung), und schließlich gibt es Daten, die von der Schicht erstrangig abhängen, wie Abriebfestigkeit, Haftfestigkeit und Oberflächenwiderstand.

Die Breitentoleranz ist von größter Wichtigkeit für die Laufeigenschaften eines Magnetbandes. Bei zu großer Breite wird die Bandkante an den Führungselementen beschädigt und dadurch besonders in den Randspuren die Qualität der Aufzeichnung vermindert. Bei zu geringer Breite kann das Band unkontrollierte Bewegungen quer zur Laufrichtung ausführen. Dies führt zu Qualitätsverlusten bei Aufnahme und Wiedergabe. Die gebräuchlichsten Breiten sind:

Breite	Verwendung
0,8 mm 2,4 mm	vorzugsweise für die Filmbespurung
3,81 mm 6,25 mm	vorwiegend für Audiobänder
12,70 mm 25,40 mm 50,80 mm	vorwiegend für technische Bänder

16 mm
17,50 mm
32 mm
35 mm } vorwiegend für Magnetfilm

Die Toleranzen betragen ±0,02 bis ±0,05 mm. Neben diesen *Standardbreiten* gibt es noch eine große Zahl von anderen Abmessungen, die für spezielle Zwecke in kleineren Mengen geschnitten werden.

Die Messung der Bandbreite erfolgt meist mikroskopisch.

Dicke

Die Dicken der verschiedenen Magnetbänder sind heute international festgelegt und werden im einzelnen bei der Typenbeschreibung angegeben. Die zulässige Abweichung von der Solldicke ist meist nicht angegeben, jedoch ist sie besonders beim Videoband von großer Bedeutung, da eine Dickenänderung zu undefinierten Verhältnissen bei Aufzeichnung und Wiedergabe führt.
Gemessen werden drei Dickenwerte:

Die Gesamtdicke des Magnetbandes,
die Dicke der magnetischen Schicht und
die Dicke der Unterlage.

Auf mechanischem Wege kann die Messung z. B. so vorgenommen werden, daß zunächst die Gesamtdicke des Bandes und anschließend nach Beseitigung der Magnetschicht die Unterlagendicke gemessen wird. Die Maßeinheit ist μm oder mil (1 mil = 25,4 μm). Dabei soll der Anpreßdruck der Meßfläche des Tasters gegen die Probe so gering sein, daß keine plastische Verformung (s. S. 5) der Probe auftritt [3]. Neben der mechanischen Messung sind noch mehrere andere Meßverfahren, wie z. B. β-Strahlen-Absorption, magnetische Verfahren usw., in Gebrauch, die teilweise nur die magnetische Schicht erfassen und als Kontrolle oder Meßglied eines Regelkreises im Produktionsprozeß eingesetzt werden können.

Hohlkrümmung

Bildet ein auf einer ebenen Platte ausgelegtes Magnetband quer zur Schnittkante nicht eine gerade Linie, sondern einen Teil eines Kreises, so wird diese Erscheinung Hohlkrümmung genannt. Dabei kann die Mitte des Bandes tiefer liegen als die Ränder und umgekehrt (Abb. 1).

Gemessen wird die Hohlkrümmung z. B. mit dem Oberflächenmikroskop nach SCHMALTZ, oder auch einfacher mit einer Radiuslehre.

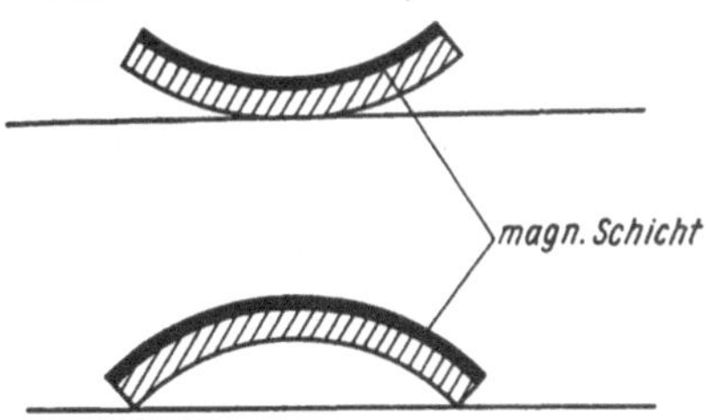

Abb. 1

Säbelförmigkeit

Wenn ein Magnetband auf einer ebenen Platte ausgelegt wird, so sollte seine Längsachse im Idealfall eine Gerade sein. Leider ist es bisher nicht gelungen, diesen Idealfall zu verwirklichen. Die Längsachse ist vielmehr meist weniger oder stärker gekrümmt (*säbelförmig*), und es wird die Abweichung einer bestimmten Magnetbandlänge von der Geraden gemessen (Abb. 2). Von den Herstellern

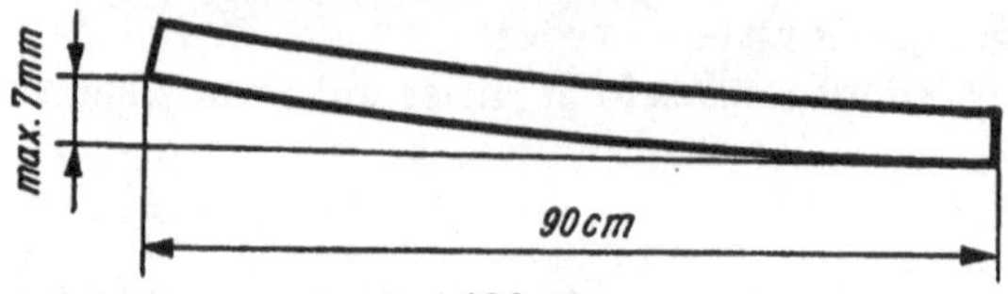

Abb. 2

wird die Größe der erlaubten Abweichung bei Datenspeicherbändern, wo sie eine besonders große Rolle spielt, verschieden angegeben. Eine Systematik ist noch nicht zu erkennen, jedoch sollte ein 90 cm langes Stück Magnetband von $^1/_2''$ Breite maximal 7 mm von der Geraden abweichen.

Welligkeit

Unter diesem Begriff ist die Erscheinung zu verstehen, daß ein freihängendes Band plastische Verformungen zeigt und so von der Geraden abweicht (Abb. 3). Ist nur eine Bandkante wellenförmig verzogen, so ist dies meist auf unsachgemäßen Schnitt oder unsachgemäße Wicklung zurückzuführen. Besitzt das Band eine durchgehende *korkenzieherartige* Welligkeit, so ist die Ursache meist bei falschen Trocknungsbedingungen oder zu starkem Zug bei der Aufarbeitung und Konfektionierung zu suchen. Welligkeit führt zu schlechter Anlage an den Magnetköpfen und dadurch zu nicht reproduzierbaren Fehlern bei Aufzeichnung und Wiedergabe. Die quantitative und objektive Erfassung der Welligkeit ist wegen der vielfältigen Erscheinungsformen fast unmöglich, so daß keine allgemein verwendbare Meßmethode angegeben werden kann.

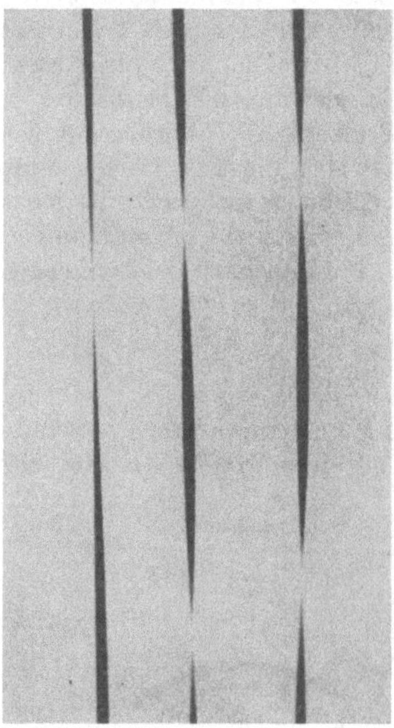

Abb. 3

Reißkraft und Reißdehnung

Um ein Magnetband bei Zugbeanspruchung zu zerreißen, ist die Reißkraft notwendig. Die Reißdehnung ist die Längenänderung des Magnetbandes bis unmittelbar vor dem Zerreißen.

Gemessen werden beide Werte auf einer Zugprüfmaschine, die sowohl die Zugkraft als auch die Längenänderung abzulesen gestattet. Dabei werden Proben von 100 mm Mindestlänge verwendet, deren Länge auf 0,5 mm genau gemessen werden muß. Die Vorschubgeschwindigkeit muß ca. 250 mm/min betragen [3]. Charakteristische Werte für verschiedene Unterlagematerialien werden später angegeben (Abschnitt 1.4.1).

Dynamische Festigkeit

Dieser Wert gibt an, wie weit das Magnetband plötzlich auftretenden Stoßbeanspruchungen gewachsen ist. Für die Messung wird ein Bandstück in ein Pendelschlagwerk eingespannt und das Pendel mit einer bestimmten Geschwindigkeit und einem bestimmten Gewicht gegen das Band geführt. Während diese Meßmethode nur wenig abgewandelt von sehr vielen Magnetbandherstellern angewendet wird, ist die Auswertung so verschieden, daß Werte aus verschiedenen Firmenschriften nicht ohne weiteres vergleichbar sind.

Elastische und plastische Dehnung

Wird eine Magnetbandprobe am oberen Ende fest eingespannt und am anderen Ende mit einem Gewicht, je nach Banddicke 0,7···1 kp, für eine bestimmte Zeit belastet, so resultiert während der Belastung eine Längenänderung des Bandes, die als elastische Dehnung bezeichnet wird. Die Längenänderung, die 1 Minute nach Entlastung noch verbleibt, ist die plastische Dehnung. Für Magnetbänder sollte die elastische Dehnung 1,5% nicht übersteigen; die plastische Dehnung sollte höchstens 0.1 bis 0,2% je nach dem verwendeten Unterlagenmaterial betragen.

Temperatur- und Feuchtigkeitskoeffizient

Mit der Erweiterung des Anwendungsbereichs für Magnetbänder wurde es wichtig, etwas über die Längenänderung bei wechselnden klimatischen Bedingungen zu wissen. Dazu werden Magnetbandproben in Klimaapparaturen definiert verschiedenen relativen Luftfeuchtigkeiten bzw. verschiedenen Temperaturen ausgesetzt. Als Feuchtigkeitskoeffizient gilt dann die Längenänderung der Bandprobe, die bei Änderung der relativen Luftfeuchtigkeit um 1% eintritt. Entsprechend wird der Temperaturkoeffizient als Längenänderung des Bandes pro Grad Temperaturänderung bezeichnet. Bei Magnetbändern auf PE-Unterlage sind beide Koeffizienten bereits so klein ($\leqq 3 \cdot 10^{-5}$), daß sie praktisch vernachlässigbar sind.

Abriebfestigkeit

Bei der Führung des Magnetbandes über Umlenkrollen und -stifte, Magnetköpfe sowie andere mechanische Elemente wird die Magnetschicht zum Teil stark beansprucht. Es kann dazu kommen, daß kleine Partikel aus der Magnetschicht, besonders vom Rand her, herausgerissen werden, die dann als abgeriebener Staub die Köpfe verschmutzen können. Es ist daher wichtig, den Widerstand der Magnetschicht gegen dieses *Abreiben*, die Kohäsion der Schicht, zu messen, da durch die ständige Erhöhung der Informationsdichte heute bereits kleinste Staubmengen stören. Leider ist keine allgemein gültige und anwendbare Methode zur Messung der Abriebfestigkeit bekannt. In der überwiegenden Zahl der Fälle haben die einzelnen Hersteller empirisch eine möglichst praxisnahe Methode auszuarbeiten versucht. Einzelheiten sind kaum bekannt. Die Methoden der Lackindustrie sind nicht ohne weiteres auf das Magnetband übertragbar.

Reibung

Bei den Magnetbändern lassen sich im wesentlichen 3 Arten der Reibung unterscheiden:

Die Reibung der Magnetschicht gegen das Unterlagematerial,
die Reibung der Schicht gegenüber den metallischen Führungselementen bzw. den Magnetköpfen sowie
die Reibung Schicht gegen Schicht.

In allen Fällen sollte die Reibung möglichst gering sein. Im ersten Falle würden sich sonst die Wickeleigenschaften des Bandes verschlechtern. Im zweiten Falle gerät sonst das Band bei der Bewegung ins Schwingen. In extremen Fällen könnte es so den Transport völlig blockieren. Für die Reibung gibt es keine allgemein gültige Meßmethode, da die Unterschiede von Hersteller zu Hersteller zu groß sind (s. auch S. 54—58).

Haftfestigkeit

Dieser Begriff bezeichnet das Adhäsionsvermögen der magnetischen Schicht gegenüber dem Unterlagematerial. Auch dafür existiert noch keine allgemein gültige Meßmethode. So weit die Haftfestigkeit überhaupt meßtechnisch erfaßt wird, haben die erhaltenen Werte meist nur relativen Charakter und sind auf ein Typband bezogen.

Oberflächenwiderstand

Eine wichtige Eigenschaft der Magnetbänder ist der elektrische Oberflächenwiderstand. Ist dieser Widerstand sehr groß, so können sich die Magnetbänder beim Lauf elektrisch aufladen. Dies führt einmal zu Entladegeräuschen bei der Wiedergabe oder aber zu Anziehung von Staub aus der Umgebung. Solche Erscheinungen müssen besonders sorgfältig bei den technischen Magnetbändern vermieden werden, da sonst die Speichereigenschaften ungünstig beeinflußt werden. Durch Einbau elektrisch leitfähiger Stoffe in die Magnetschicht bzw. durch Aufbringung spezieller *Leitschichten* wird versucht, die Neigung zu elektrostatischer Aufladung möglichst gering zu halten. Allerdings besitzt in den meisten Fällen die Schichtseite des Magnetbandes bereits einen geringeren elektrischen Oberflächenwiderstand als die Rückseite, weil das γ-Fe_2O_3 eine geringe Leitfähigkeit besitzt.

So beträgt der elektrische Widerstand von Audiobändern pro cm Band auf der Schichtseite $10^9 \cdots 10^{12}\ \Omega$, auf der Rückseite $10^{13} \cdots 10^{14}\ \Omega$. Bei Bändern für die Datenverarbeitung wurde durch die erwähnten Zusätze ein elektrischer Widerstand auf der Schichtseite von ca. $10^6 \cdots 10^7$ Ω erreicht, während sich der Widerstandswert der Rückseite von dem der Audiobänder kaum unterscheidet.

Zur Messung des elektrischen Oberflächenwiderstandes genügen konventionelle Widerstandsmeßgeräte. Dabei werden die Elektroden entweder im Abstand von 1 cm oder 1 inch auf das Band gesetzt.

Volumenfüllfaktor

In der Magnetschicht muß eine möglichst dichte Packung der magnetisierbaren Teilchen angestrebt werden. Als Maß für diese Packungsdichte existiert der Volumenfüllfaktor. Er ist das Volumen des Eisenoxids, geteilt durch das Gesamtvolumen der Schicht in einem Magnetband. Das Gesamtvolumen der Schicht ist nach genauem Abmessen eines Magnetbandstückes und einer Schichtdickenmessung ohne weiteres bestimmbar. Das Volumen des Eisenoxids ergibt sich, indem das vermessene Magnetbandstück verglüht wird, so daß lediglich das Eisenoxid zurückbleibt. Aus dem ermittelten Gewicht und der Dichte folgt in bekannter Weise das Volumen des Eisenoxids. Allgemein liegt bei Magnetbändern verschiedener Hersteller der Volumenfüllfaktor zwischen 0,3 und 0,4, d. h., 30–40% der magnetischen Schicht sind vom Eisenoxid ausgefüllt. Zwar sollte theoretisch bei der Verwendung nadelförmiger Eisenoxide durch Parallellagerung der Teilchen ein wesentlich höherer Volumenfüllfaktor zu erzielen sein, aber elektronenmikroskopische Untersuchungen zeigen, daß trotz magnetischer Orientierung eine echte Parallellagerung nicht erreichbar ist.

1.2.2. Magnetische Kennwerte

Hier sind magnetische Kennwerte zusammengefaßt, die auf statischem Wege gemessen werden können, wobei also keine Aufzeichnungs- und Wiedergabeapparaturen benötigt werden. Eine Reihe von speichertechnischen Eigenschaften sind von ihnen aber stark abhängig (vgl. Bd. 1 und Bd. 6).

Remanenz

Sättigungsremanenz ist jene Magnetisierung, die auf dem Magnetband zurückbleibt, wenn es bis zur Sättigung aufmagnetisiert und dann aus dem magnetisierenden Feld herausgenommen wurde. Bei geringeren magnetisierenden Feldstärken ist die Remanenz entsprechend geringer. Aus der Neukurve der Hysteresisschleife läßt sich durch punktweises Abtasten ohne weiteres die *Remanenzkurve* gewinnen, die den Remanenzwert für die jeweilige magnetisierende Feldstärke angibt (Abb. 4).

Die Remanenz ist zunächst eine Eigenschaft des verwendeten Eisenoxids, jedoch muß sie nicht nur am Oxidpulver, sondern auch am Magnetband gemessen werden. Erwünscht ist, daß der geradlinige Teil der Remanenzkurve möglichst lang und der Anstieg dieses geradlinigen Teils möglichst steil ist. Dadurch werden geringe Verzerrungen und eine hohe Empfindlichkeit erzielt.

Die relative Remanenz gibt das Verhältnis von Magnetisierung zur Remanenz an. In Abb. 5 sind die relativen Remanenzen zweier verschiedener Materialien in Abhängigkeit von der Erregung dargestellt. Daraus ist zu sehen, daß die relative Remanenz eine Aussage über die Form der Hysteresisschleife von magnetischen Materialien gestattet. Das Verhältnis aus Sättigungsremanenz zur Magnetisierung während der Sättigung wird als *Rechteckigkeitsfaktor* bezeichnet. Moderne Magnetbänder haben einen Rechteckfaktor von ca. 0,8.

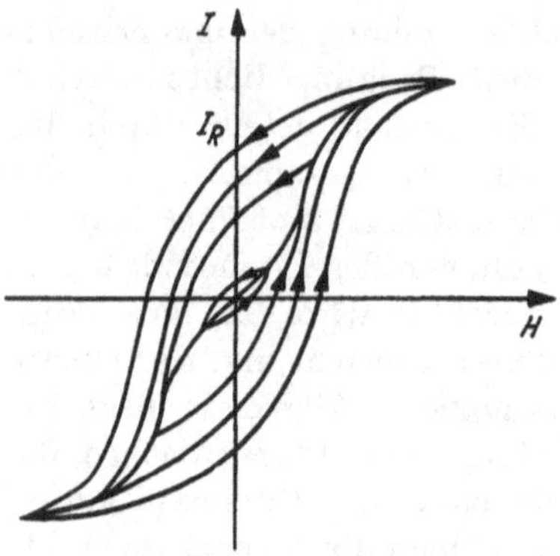

Abb. 4

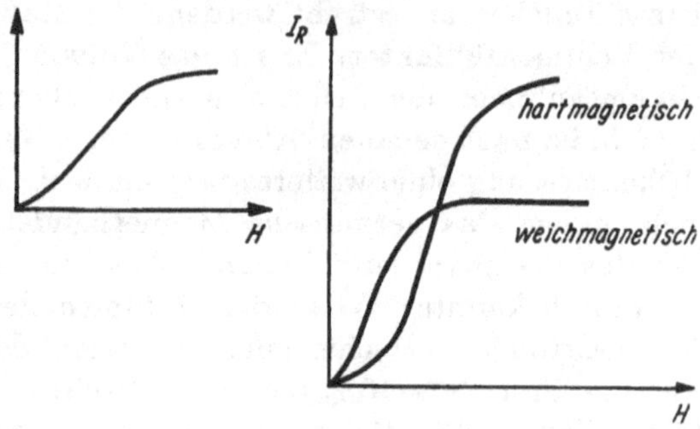

Abb. 5

Im Interesse einer hohen Signalspannung ist eine hohe Sättigungs- und auch hohe relative Remanenz erwünscht. Die Messung der Remanenz geschieht sowohl auf Geräten, die die ganze Hystereseschleife schreiben können, als auch mit ballistischen Meßplätzen.

Anisotropie

Wie später (Abschnitt 1.4.2) noch berichtet wird, ist es günstig, formanisotropes Eisenoxid für die Herstellung von Magnetbändern zu verwenden. Bei diesen Oxiden von Nadel- oder Stäbchenform fällt die Längsachse gleichzeitig mit der Achse der leichtesten Magnetisierbarkeit zusammen.

Daher wird stets versucht, die Oxidteilchen in Aufzeichnungsrichtung zu orientieren. Die Orientierung des Bandmaterials wird durch die Remanenz in Aufzeichnungsrichtung und senkrecht dazu gemessen. Der Quotient aus beiden Werten heißt *Anisotropiequotient*.

1.2.3. Eigenschaften des Audiobandes

An Magnetbändern für Schallaufzeichnung werden die elektroakustischen Kennwerte teilweise als Relativwerte zu einem Vergleichsband ermittelt. Dadurch sind apparativ bedingte Unterschiede der Meßwerte eliminierbar. Die in der Praxis eingesetzten Vergleichsbänder dürfen im Grenzstrom, in der Empfindlichkeit sowie in der Höhenempfindlichkeit (s. S. 10) nicht mehr als

0,5 dB von den im Deutschen Amt für Meßwesen und Warenprüfung der Deutschen Demokratischen Republik hinterlegten Normalen abweichen.

Die Messungen werden mit Bandspeichergeräten vorgenommen, deren Aufzeichnungs- und Wiedergabeentzerrer bezüglich des Frequenzganges je nach Bandgeschwindigkeit ganz bestimmte Forderungen erfüllen müssen. Diese Forderungen sind in dem DDR-Standard TGL 15552 Blatt 2 (3) niedergelegt. Die Einstellung der Geräte erfolgt mittels Bezugs- und Vergleichsband.

Die Aufzeichnung erstreckt sich bei der Messung über die gesamte Breite des Bandes; für Heimtonbänder wird teilweise auch im Halbspurverfahren gearbeitet.

Bänder für die Arbeitsgeschwindigkeiten 76,2 cm/s und 38,1 cm/s werden bei einer Bandgeschwindigkeit von 38,1 cm/s gemessen.

Die Kennwerte der Bänder, die für Arbeitsgeschwindigkeiten von 19,05 cm/s und darunter gedacht sind, werden bei einer Bandgeschwindigkeit von 9,53 cm/s ermittelt.

Die für die Qualität von Magnetbändern charakteristischen elektroakustischen Eigenschaften sind nachstehend aufgeführt und erläutert (entsprechend dem DDR-Standard TGL 15552):

Bezugsfrequenz ist die Frequenz, die auf dem Pegeltonteil des Bezugsbandes aufgezeichnet ist.

Grenzstromabstand D_{v0}

Definition: $D_{v0P} = 20 \lg \frac{I_{v0P}}{I_{v0V}}$ in dB

Zeichenbedeutung:

I_{v0P} Grenzstrom des Prüfbandes,
I_{v0V} Grenzstrom des Vergleichsbandes.

Der Grenzstrom ist der Vormagnetisierungsstrom, bei dem der maximale remanente Fluß und damit die maximale Wiedergabespannung erreicht wird. Dabei wird die Frequenz 1000 Hz mit konstantem Aufzeichnungsstrom von ungefähr $0{,}05 \cdot I_{v0}$ aufgezeichnet. Mit diesem Grenzstrom werden sämtliche weiteren elektroakustischen Messungen durchgeführt.

Nennflußabstand D_Φ

Definition: $D_\Phi = 20 \lg \frac{\Phi_{nP}}{\Phi_0}$ in dB

Zeichenbedeutung:

Φ_{nP} Nennfluß des Prüfbandes
Φ_0 Bezugsfluß des Bezugsbandes, entspricht dem remanenten Fluß der Pegeltonaufzeichnung.

Der Nennfluß ist der remanente Fluß, bei dem die Wiedergabespannung einen kubischen Klirrfaktor von 3% (bei der Bandgeschwindigkeit 38,1 cm/s) bzw. von 5% (bei der Bandgeschwindigkeit 9,53 cm/s) gerade erreicht. Der dafür erforderliche Signalaufzeichnungsstrom ist der Nennaufzeichnungsstrom I_{zn}. Es können auch in obige Definition die leichter erfaßbaren Wiedergabespannungen für die entsprechenden remanenten Flüsse eingesetzt werden.

Empfindlichkeit D_e

Definition: $D_e = 20 \lg \frac{U_{wP}}{U_{wV}}$ in dB .

Zeichenbedeutung:

U_{wP} Wiedergabespannung des Prüfbandes,
U_{wV} Wiedergabespannung des Vergleichsbandes.

Die Aufzeichnungen erfolgen bei der Bezugsfrequenz und dem gleichen Aufzeichnungsstrom sowie den zugehörigen Grenzströmen I_{v0P} und I_{v0V}. Der Aufzeichnungsstrom muß etwa 20 dB unter dem Nennaufzeichnungsstrom liegen.

Höhenempfindlichkeit D_h

Definition: $D_h = 20 \lg \frac{U_{w10V}/U_{wP}}{U_{w10V}/U_{wP}}$ in dB .

Zeichenbedeutung:

U_{w10P} Wiedergabespannung bei 10 kHz des Prüfbandes,
U_{w10V} Wiedergabespannung bei 10 kHz des Vergleichsbandes,
U_{wP} und U_{wV} siehe unter Empfindlichkeit.

Bei Bezugsfrequenz und bei 10 kHz muß mit gleicher Eingangsspannung am Aufsprechentzerrer gearbeitet werden. Der Aufzeichnungsstrom bei der Bezugsfrequenz soll etwa 20 dB unter dem Nennaufzeichnungsstrom liegen.

Kopierdämpfung D_k

Definition: $D_k = 20 \lg \frac{U_{w1}}{U_{wk}}$ in dB .

Zeichenbedeutung:

U_{w1} Wiedergabespannung des mit Nennaufzeichnungsstrom aufgezeichneten 1 kHz-Impulses,
U_{wk} Wiedergabespannung des zugehörigen am stärksten auf eine der benachbarten Windungen kopierten Impulses.

Die zur Messung benutzte Bandprobe muß nach der Aufzeichnung 24 Stunden unter normalen Raumbedingungen lagern. Danach werden die kopierten Impulse über einen entsprechenden Bandpaß wiedergegeben, ohne die Bandprobe vorher umzuspulen.

Gleichfeld-Rauschspannungsabstand D_r

Definition: $D_r = 20 \lg \frac{U_{wn}}{U_{wr}}$ in dB .

Zeichenbedeutung:

U_{wn} Wiedergabespannung des Nennflusses des Prüfbandes bei der Bezugsfrequenz,
U_{wr} Rauschspannung einer Gleichstromaufzeichnung.

Die Aufzeichnung erfolgt mit einem Gleichstrom in der Größe des Effektivwertes des Nennaufzeichnungsstromes. Hierbei wird die Vormagnetisierung beibehalten. Die Rauschspannung U_{wr} wird ohne jegliches Bewertungsfilter mit einem Pegelschreiber gemessen.

Pegelschwankung Δ_L

Die Pegelschwankung ist die größte Abweichung des Wiedergabepegels vom zeitlichen Mittelwert einer Aufzeichnung der Bezugsfrequenz. Der Mittelwert ist jeweils am Anfang, in der Mitte und am Ende eines Bandes über eine Meßzeit von ca. 5 Min. zu bilden. Der Aufzeichnungsstrom muß dabei etwa 10 dB unter dem Nennaufzeichnungsstrom liegen. Die Angabe von Δ_L erfolgt ebenfalls in dB.

1.2.4. Eigenschaften des Computerbandes

Die Meßtechnik an Bändern für Digitalspeicherung ist vom Prinzip her einfacher als bei Audiobändern, da hierbei statt stetiger Signalfunktionen nur Impulse aufgezeichnet werden. Amplituden- und Formverzerrungen spielen dabei nur eine untergeordnete Rolle. Bei der Aufzeichnung wird keine Vormagnetisierung benutzt und die Impulse magnetisieren das Band lediglich in die positive oder negative Sättigung. Es besteht prinzipiell nur die Forderung, daß die gespeicherten Impulse mit größter Sicherheit aus dem vorhandenen Störpegel herausgelesen werden können und andererseits durch Ungleichmäßigkeiten des magnetischen Materials keine zusätzlichen Signale vorgetäuscht werden. Diese Forderungen sind aber bei den heute üblichen Speicherdichten (32 bzw. 64 bit pro mm) nur mit sehr großem Aufwand bei der Bandherstellung zu erfüllen.

Die Messung erfolgt mit einem Magnetbandspeicher, der auf das 12,7 mm breite Band 7 oder 9 Spuren mit symmetrischen Impulsen nach der NRZ-Methode aufzeichnet (NRZ = non return to zero). Die Bandgeschwindigkeit ist bei diesem Speicherverfahren sehr groß und beträgt mindestens 1,5 m/s.

Empfindlichkeit

Hierbei wird die mittlere Lesespitzenspannung von mindestens 1000 aufeinanderfolgenden Impulsen ermittelt. Dabei wird eine Aufzeichnung mit geringer Speicherdichte (8 bit/mm) benutzt. Diese Lesespannung wird mit der unter gleichen Bedingungen gemessenen Lesespannung eines Standardbandes verglichen und der Unterschied in dB oder in Prozent angegeben.

Drop-out

Bei dieser Messung wird jeder gelesene Impuls auf seine Amplitude untersucht. Ist die Amplitude eines oder mehrerer aufeinanderfolgenden Impulse kleiner als 50% der Normalamplitude, so wird eine Fehlstelle (Drop-out) gezählt. Diese Untersuchung erfolgt an jedem Band über die gesamte Länge (730 m). Dabei dürfen keine Fehlstellen auftreten. Bei einer Speicherdichte von 1600 bpi werden erst Fehlstellen gezählt, wenn die Amplitude eines Impulses kleiner als 35% der Normalamplitude ist.

Drop-in

Hierbei wird eine Aufzeichnung mittels Gleichstrom von der Größe des Impulsspitzenstromes angefertigt und wiedergegeben. Zeigen sich hierbei Störspannungsimpulse, die eine Größe von 10% der mittleren Lesespitzenspannung erreichen, so werden sie als Drop-in gezählt. Diese Messung erfolgt ebenfalls über die gesamte Länge des Bandes.

1.2.5. Eigenschaften des Videobandes

Bei Videobändern sind, entsprechend den aufzuzeichnenden Informationen, zwei verschiedene Prüfungen notwendig. Für die Audio-Information wird eine Prüfung ähnlich der für Studiobänder bei 38 cm/sec durchgeführt. Für die Videoeigenschaften werden hauptsächlich zwei Größen geprüft:

Video-Signal-Rausch-Verhältnis

Es wird als Verhältnis der Spannungen bei der Wiedergabe einer nichtmodulierten Trägerfrequenz von 6 MHz gegenüber der eines Videosignals als Spitzen-Spitzen-Wert gemessen.

Drop-out

Die Drop-out oder Signalausfälle werden so gemessen, daß alle Amplitudenverluste der nichtbegrenzten HF-Spannung, die eine bestimmte Größe und eine bestimmte Zeitdauer überschreiten, gezählt werden. Die Grenzwerte sind von den einzelnen Herstellern sehr verschieden angegeben.

1.2.6. Eigenschaften des Instrumentationsbandes

Für diesen Bandtyp werden ähnliche Meßprinzipien wie für Audioband angewendet. Hinzu kommt eine Drop-out-Prüfung und eine genauere Prüfung des Ausgangspegels und der Gleichmäßigkeit bei kleinen Wellenlängen.

Während der Prüfumfang sich bei Audiobändern auf Stichproben beschränkt, wird bei Datenspeicher- und Videobändern eine 100%-Prüfung durchgeführt.

1.3. Magnetbandarten

1.3.1. Audiobänder

Hierunter werden alle Typen zusammengefaßt, die zur Schallaufzeichnung verwendet werden. Sie gliedern sich je nach ihrer Dicke in mehrere Gruppen.

Standardband

Es besitzt eine Gesamtdicke von ca. 50 µm und ist meist für den Rundfunk o. ä. professionelle Verbraucher bestimmt. Die Unterlage besteht (je nach Hersteller) aus Triacetat, Polyester oder PVC von ca. 35—40 µm Stärke. Die magnetische Schicht ist ca. 12—15 μm stark und soll neben den üblichen Qualitätsmerkmalen eine gute Aussteuerbarkeit auch bei hohen Frequenzen, eine hohe Gleichmäßigkeit, niedriges Rauschen und einen äußerst geringen Kopiereffekt gewährleisten. Für die Stereo-Aufnahmetechnik werden Standardbänder mit dickerer Schicht, sog. „high-output"-Bänder geliefert. Um einen sauberen Wickel auch auf Kernen ohne Flansche zu gewährleisten, sind die Standardbänder einiger Hersteller mit einer rauhen Rückschicht versehen.

Die Bedeutung des Standardbandes für den Amateur geht mehr und mehr zurück, da die Bandgeräte immer kleiner werden und die Verwendung dünnerer Bänder auf kleinen Spulen notwendig machen.

Langspielband

Es besitzt eine Gesamtdicke von ca. 35 bis 38 μm und war noch vor kurzer Zeit das Standardband des Amateurs. Nun wird es mehr und mehr vom Doppel- und Dreifachband abgelöst. Die Unterlage des Langspielbandes ist ca. 25 μm stark und kann ebenfalls aus allen drei gebräuchlichen Unterlagearten bestehen, da die mechanische Festigkeit z. B. von Triacetatunterlage in dieser Dicke noch ausreicht. Die magnetische Schicht ist etwas dünner (ca. 10 bis 12 μm) als beim Standardtyp, da die Aussteuerbarkeit für Amateurzwecke nicht so hoch sein muß.

Doppelspielband

Es besitzt eine Gesamtdicke von ca. 25 bis 27 μm und kann heute universell für alle Heimtonbandgeräte verwendet werden, da es mechanisch noch robust genug ist und andererseits durch seine Schmiegsamkeit für die Vierspurtechnik besonders geeignet erscheint. Die Unterlage ist ca. 15—17 μm stark und besteht überwiegend aus Polyester, in wenigen Fällen auch aus PVC. Versuche, für diesen Bandtyp auch Unterlage-Material aus Triacetat zu verwenden, brachten keinen großen Erfolg, da die mechanische Stabilität zu wünschen übrig läßt. Die Schicht ist ungefähr 9 μm stark und besitzt eine entsprechend geringere Aussteuerbarkeit.

Dreifachband

Dieser Typ besitzt eine Gesamtdicke von ca. 18 μm. Er kam im Jahre 1963 auf den Markt und wurde speziell für kleine, meist netzunabhängig betriebene Tonbandgeräte entwickelt. Diese Geräte erlauben nur geringe Spulengrößen und besitzen andererseits entsprechend weich dimensionierte Antriebselemente, um das extrem dünne Band beim Lauf nicht zu verformen. Die Unterlage von 12 μm Stärke besteht ausschließlich aus Polyester. Nur dieses Material gestattet es, so dünne Bänder herzustellen. Die Magnetschicht ist 6 μm stark. Damit werden bereits erhebliche Anforderungen an die Herstellungstechnik gestellt.

Vierfachband

Es besitzt eine Gesamtdicke von ca. 12 μm, wird seit 1965 in größerem Umfang produziert und wegen seiner geringen mechanischen Beständigkeit überwiegend in geschlossenen Kassetten konfektioniert. Die Stärke der Polyester-Unterlage beträgt ca. 8 μm, die der Magnetschicht ca. 4 μm.

Sechsfachband

Die Gesamtstärke dieses Bandes beträgt ca. 8–9 μm, die Schichtstärke 2–3 μm. Es ist in Kassetten seit 1967 lieferbar.

1.3.2. Datenspeicherband (Computertape)

Wie der Name bereits sagt, dient dieses Band zur Speicherung von Daten, und zwar in digitaler Form. Datenbänder werden als externe Speicher großer Kapazität aber relativ großer Zugriffszeit in elektronischen Datenverarbeitungsanlagen verwendet. Ein Magnetband kann etwa die gleiche Informationsmenge wie 500000 Lochkarten aufnehmen. Normalerweise wird Band von 12,7 mm Breite und 735 m Länge eingesetzt, dessen Polyesterunterlage ca. 37 μm, und dessen Schicht ca. 11 μm beträgt. Von einigen Herstellern werden in geringem Umfang auch dünnere Datenspeicherbänder produziert. Die besonderen Anforderungen sind:

- große mechanische Stabilität des Unterlagematerials wegen der hohen Laufgeschwindigkeiten und der kurzen Start–Stop-Zeiten,
- äußerste Abriebfestigkeit der Magnetschicht,
- größte Gleichmäßigkeit,
- Drop-out-Freiheit,
- exakte Schneidkanten,
- gute Gleitfähigkeit,
- niedriger Oberflächenwiderstand.

Um diese Anforderungen erfüllen zu können, war eine wesentliche Verbesserung der Herstellungstechnik notwendig. Die ersten Datenspeicherbänder kamen vor ca. 14 Jahren in den USA auf den Markt und gestatteten nach einiger Zeit eine Aufzeichnungsdichte von 200 bpi. Um die notwendige Abriebfestigkeit zu erreichen, war in manchen Fällen die Magnetschicht mit einer besonderen Schutzschicht von ca. 0,5 μm Dicke überzogen. Mit der Erhöhung der Aufzeichnungsdichte auf zunächst 556, dann 800 und schließlich 1600 bpi mußten die Schutzschicht weggelassen und hochabriebfeste Bindemittel entwickelt werden. Moderne Datenspeicherbänder gestatten mehr als 20000 Durchläufe. Die Dispergiertechnik ist die wichtigste Voraussetzung für die Drop-out-Freiheit des Bandes. Weiter sind von entscheidendem Einfluß der Beschichtungsvorgang und das Schneiden. Für die Produktion werden absolut staubfreie Räume benötigt. Um die Anforderungen zu verdeutlichen, die an die Fehlerfreiheit eines 800-bpi-Bandes von 735 m Länge gestellt werden, gibt

ARMES [4] zum Vergleich an, daß auf einer Straße von 900 km Länge und 15 m Breite bereits eine einzige Grapefruit einem Drop-out entspräche.

Gute Gleit- und Leitfähigkeit werden durch Zusatz besonderer Stoffe zum Magnetlack erzielt. So ist es z. B. üblich, feinverteilten Kohlenstoff in die Magnetschicht einzubetten.

1.3.3. Videoband

Seit der Einführung des Fernsehens war eine ähnliche Entwicklung wie beim Rundfunk zu beobachten, daß nämlich aus Gründen der Sicherheit beim Programmablauf der Anteil der Live-Sendungen verringert und mehr Programme vorher konserviert wurden. Für diese Konservierung stand zunächst nur fotografischer Film zur Verfügung, dessen Nachteile die Entwicklung eines neuartigen Videospeichers stimulierte. So entstanden in den USA die ersten Videoaufzeichnungsgeräte und die dazu notwendigen Bänder. Eine komplette, funktionsfähige Anlage wurde erstmalig 1956 vorgeführt. Um die große Zahl von Informationen unterbringen zu hönnen, wird ein 2 Zoll breites Band verwendet, auf das die Videosignale durch 4 senkrecht zur Laufrichtung rotierende Köpfe aufgezeichnet werden. Die Relativgeschwindigkeit zwischen Band und Kopf beträgt dabei 40 m/sec und gestattet eine einwandfreie Aufzeichnung und Wiedergabe der hohen Frequenzen. An den beiden Rändern befinden sich in Längsrichtung die Synchron-Regie- und die Tonspur (Abb. 6).

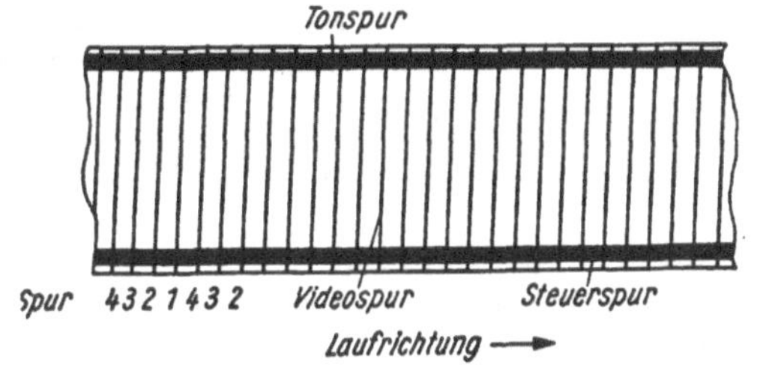

Abb. 6. 38,1 cm/s Bandgeschwindigkeit

Das Verfahren ist heute so sicher, daß praktisch kein Qualitätsunterschied gegenüber einer guten Filmaufnahme sichtbar ist.

Die Herstellungstechnik für Videobänder ist besonders schwierig. Dies zeigt sich auch daran, daß nur wenige Hersteller von Magnetbändern Videoband liefern können. Als Unterlage wird 25 μm starke Polyesterfolie verwendet, auf der sich eine 10—11 μm starke Magnetschicht befindet. Die besonderen Anforderungen sind u. a.:

- — größte Gleichmäßigkeit der Unterlage hinsichtlich Stärke und Planlage,
- — hochabriebfeste und hitzebeständige Schicht,
- — Freiheit von Drop-outs,
- — exakte Schneidkanten.

Zum größten Teil werden also ähnliche Anforderungen wie bei Datenspeicherband gestellt, obwohl die Herstellungstechnik beider Bandtypen unterschiedlich ist.

Während ein Drop-out bei Datenspeicherband bei entsprechender Programmierung lediglich zu einem Mehrverbrauch an Band unter Umgehung der schadhaften Stelle führt, ist ein Drop-out beim Videoband als heller Bildfleck sehr störend. Erst vor kurzer Zeit wurde eine Möglichkeit gefunden, die Drop-outs elektronisch zu *überdecken*.

Um eine möglichst große Empfindlichkeit in Querrichtung, der Videoaufzeichnungsrichtung, zu erreichen, werden die Eisenoxidteilchen in einem Winkel von 60—70° gegenüber der Laufrichtung beim Beschichtungsprozeß orientiert. Hierdurch sinkt allerdings die Qualität der Tonspur (vgl. auch Band 3 dieser Reihe).

In den letzten Jahren sind vereinfachte Video-Magnetbandaufzeichnungsgeräte entwickelt worden, die nur noch einen oder zwei Magnetköpfe enthalten. Das Prinzip einer möglichen Anordnung zeigt Abb. 7. Die Spuranordnung geht aus Abb. 8 hervor.

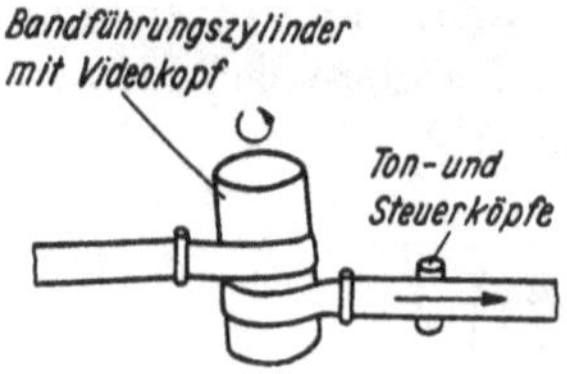

Abb. 7

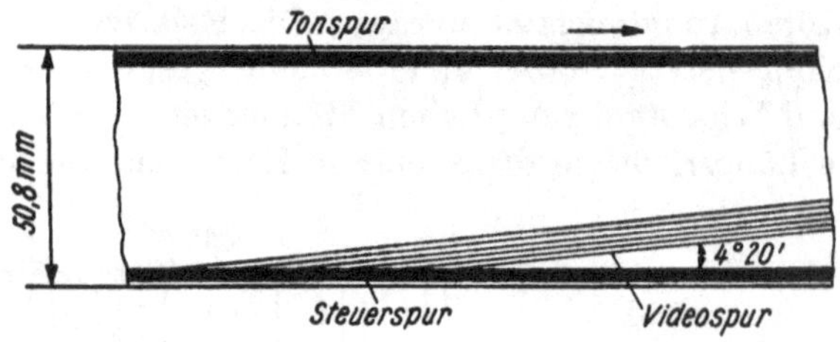

Abb. 8

Die erzielte Bildqualität ist für den halbprofessionellen und Amateurgebrauch ausreichend, und die Magnetbandhersteller bringen speziell dafür längs ausgerichtete Videobänder heraus.

1.3.4. Instrumentations-Bänder

Diese Bandtype, die erst in letzter Zeit zur Perfektion gebracht wurde, verdankt ihre schnelle Entwicklung u. a. dem Weltraumprogramm. Die Instrumentationsbänder dienen zur Aufzeichnung von Daten in analoger Form, wobei verschiedene Aufzeichnungsverfahren verwendet werden. Heute werden bereits Frequenzen bis zu einigen MHz und Wellenlängen von 2 μm aufgezeichnet. Das Instrumentationsband ist aus dem Audioband entwickelt worden. Es wird in Längen bis zu 3000 m ohne Klebestelle geliefert.

Die Herstellungstechnik ist besonders kompliziert, da neben den speziellen Forderungen des Datenspeicherbandes auch strenge elektroakustische Maßstäbe zu erfüllen sind. Je nach der Speicherfähigkeit für extrem kurze Wellenlängen werden die Instrumentationsbänder in verschiedene Klassen eingeteilt.

1.3.5. Magnetfilm

Seit der Einführung des Tonfilms bis zum Beginn der 50er Jahre hatte das Lichttonverfahren für die Schallaufnahme und -wiedergabe bei Kinofilmen die dominierende Stellung. Die wachsenden Ansprüche an die Qualität der Schallaufzeichnung und das Bemühen, mehrere Tonspuren auf einen Filmstreifen unterzubringen, führten dazu, das Magnettonverfahren auch für diese Zwecke einzusetzen. Es führt zu weit, die Anfänge dieser Bemühungen zu schildern. Schließlich setzten sich 2 Arten von *magnetischen Filmen* durch, die beschrieben werden sollen.

Magnetspurfilme

Hierunter sind fotografische Filme zu verstehen, die statt oder zusätzlich zu der Lichttonspur ein oder mehrere Magnetspuren besitzen. Die ersten Filme dieser Art erschienen 1950 auf dem Markt [5].

Die Magnetspuren lassen sich auf die fotografischen Filme im wesentlichen nach drei Verfahren aufbringen:

— Zeitlich zuerst wurden die Magnetspuren auf einer Beschichtungsmaschine auf den Film aufgegossen (Abb. 9). Die Suspension ähnelt der des Magnetbandes. So konnten auch gleichzeitig mehrere Spuren

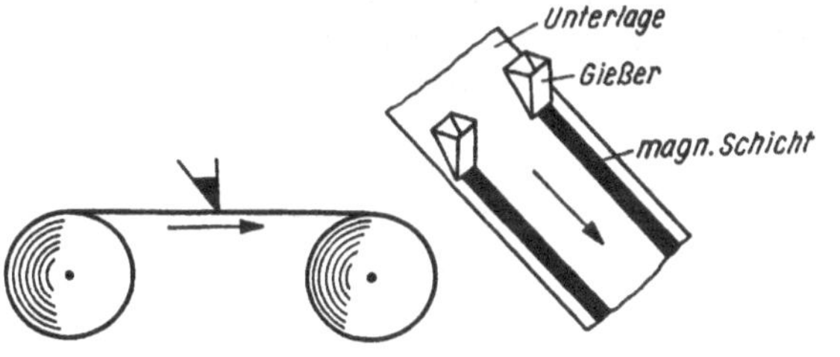

Abb. 9

einschließlich der Ausgleichsspur aufgebracht werden. Geeignete Maschinen dafür sind von mehreren Firmen entwickelt worden [5], [6], [7]. Die Qualität der so hergestellten Filme entsprach nicht in allen Fällen den Erwartungen, da es äußerst schwierig ist, die Schichtoberfläche völlig plan zu halten und einen guten Kontakt mit den Magnetköpfen zu bekommen. Zusätzlich können sich Haftprobleme durch die sehr verschiedenartigen Präparationen der fotografischen Filme ergeben.

— Ein anderes Verfahren benutzt ein auf die jeweilige Spurbreite geschnittenes Magnetband, das mittels eines Klebemittels in eine vorher ausgefräste Rinne im fotografischen Film geklebt wird [8] bis [11] (Abb. 10).

Dieses Verfahren hat weite Verbreitung gefunden, da es u. a. durch den Fräsvorgang keine Haftschwierigkeiten infolge verschiedener Präparationen gibt.

— Schließlich kann mit dem Kaschier- oder Laminierverfahren [12] bis [14], [152] ebenfalls eine Magnetspur aufgebracht werden. Hierbei wird ein Magnetband, das auf einer Schichtseite eine heißsiegelfähige Schicht besitzt, unter Hitzeeinwirkung auf den mit einem Kleber versehenen Film geklebt und die Bandunterlage abgezogen (Abb. 11).

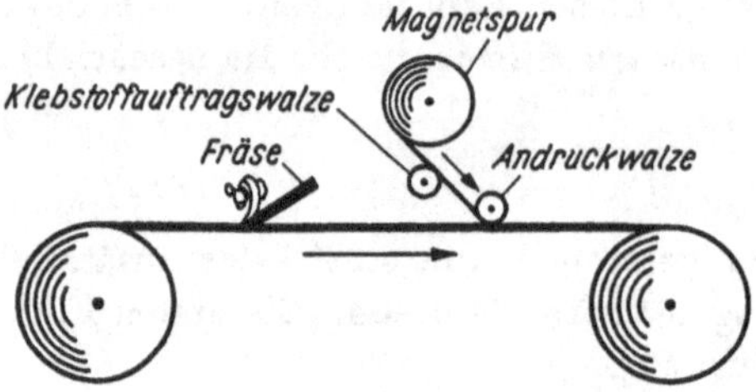

Abb. 10

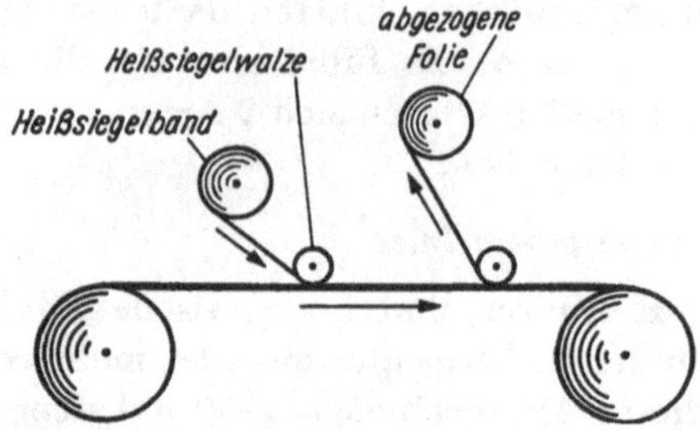

Abb. 11

Während in der ersten Zeit die Filme nach dem Entwickeln und Schneiden im hellen Tageslicht die Magnetschicht erhielten, wurde es später auch üblich, unbelichtete Rohfilme, z. B. für die Verwendung beim Fernsehen, zu bespuren. Dies stellte höhere Ansprüche an die Magnetspur, deren Qualität durch den fotografischen Entwicklungsprozeß nicht beeinträchtigt werden durfte und andererseits die fotografische Eignung der Filme nicht beeinflussen durfte (Schleier).

Für die gebräuchlichen Filmformate existieren heute genormte Spurlagen [15] bis [18].

In der Gerätetechnik waren beträchtliche Schwierigkeiten zu überwinden, um eine einwandfreie Anlage des ziemlich steifen Filmmaterials an die Magnetköpfe zu erreichen und einen ausreichenden Gleichlauf zu erzielen. Mit der Verringerung der Laufgeschwindigkeit bei kleiner werdendem Bildformat (z. B. bei 8 mm-Film bei 16 Bildwechseln = 6,1 cm/sec) stellt sich ein deutlicher Qualitätsverlust ein, so daß hier teilweise andere Vertonungsverfahren angewendet werden (vgl. 1.3.6.).

Magnetfilme

Magnetfilme entsprechen den Kinofilmen und tragen statt der fotografischen Schicht eine Magnetschicht. Sie werden recht vielfältig angewendet, vor allem aber bei der Herstellung von Spiel-, Dokumentar- und Kulturfilmen. Zwar ist die Theaterkopie auch heute noch überwiegend mit Lichttonspur versehen, aber die Qualität ist dadurch, daß im Studio alle Umspiel-, Misch- und Schneidvorgänge mit Magnetfilm ausgeführt werden, erheblich besser geworden.

Magnetfilme sind üblicherweise in den Breiten 16 und 35 mm verfügbar. Die Herstellungstechnik ist der von Magnetbändern vergleichbar. Zwei Varianten sind dabei technisch wichtig geworden:

- Das Begießen von Unterlagenmaterial in größerer Breite mit anschließendem Schneiden und Perforieren,
- das Begießen in 35 bzw. 32 mm Breite auf bereits geschnittene Unterlagestreifen und anschließendes Perforieren.

Als Unterlage wird das gleiche Material wie für Film, nämlich Azetylzellulose in 120—140 μm Stärke verwandt. Polyesterfolie von ca. 75 μm Stärke wird aber bereits mehr und mehr eingesetzt.

Die Anzahl und Lage der Spuren differiert bei Magnetfilm stärker als bei bespurten fotografischen Filmen. Es ist daher hier nicht sinnvoll, einen Überblick zu geben.

Neben der Verwendung in den Spielfilmstudios und im Fernsehen werden Magnetfilme auch teilweise für die Erstaufnahme von Stereo-Schallplatten eingesetzt. Die Laufgeschwindigkeit für 35 und 17,5 mm Magnetfilm beträgt 96 Perforationslöcher/sec für Kinefilm (45,6 cm/sec) und 100 Perforationslöcher/sec für Fernsehfilm (47,5 cm/sec); bei 16 mm Film 24 Perforationslöcher/sec für Kinefilm (18,2 cm/sec) und 25 Perforationslöcher/sec für Fernsehfilm (19,0 cm/sec).

Um mehr Spuren auf dem Film ohne Qualitätsverlust unterbringen zu können bzw. das Rauschen und die nichtlinearen Verzerrungen bei mehrmaligem Umspielen nicht zu groß werden zu lassen, werden neben den *normalen* Magnetfilmen, deren Aussteuerbarkeit etwa den Studiobändern gleicht, hochaussteuerbare Magnetfilme mit Schichtdicken von ca. 20 μm hergestellt. Ihr Anteil an der Magnetfilmproduktion hat sich in den letzten Jahren vergrößert.

1.3.6. Sonderbänder

Unter dieser Sammelbezeichnung soll kurz auf einige Bänder hingewiesen werden, die teils für spezielle Zwecke entwickelt wurden, teilweise aber auch als Zubehör für das normale Audioband geliefert werden. Darunter befinden sich sowohl Bänder mit Magnetschicht als auch Hilfsbänder mit anderen Schichten.

Perforiertes Magnetband

Zur Vertonung von Schmalfilmen sind neben der Magnetbespurung, die als *Einbandverfahren* bekannt ist, auch *Zweibandverfahren* üblich, die jeweils zusätzlich zum Film ein Magnetband mit einem entsprechenden Tonbandgerät benötigen. Die Synchronisation der Magnetaufzeichnung mit dem Film kann dabei je nach dem verwendeten System durch entsprechende Impulse (*elektrische Perforation*) oder durch einen Synchronzusatz erfolgen, der mit perforiertem Magnetband arbeitet. Dafür wird handelsübliches Magnetband verwendet, das wegen der mechanischen Stabilität nicht zu dünn sein darf und Perforationslöcher etwa in der Mitte besitzt (Abb. 12).

In Sonderabmessungen wird perforiertes Magnetband auch für wissenschaftliche Zwecke, z. B. für die Geophysik und bestimmte Typen von Diktiergeräten benutzt.

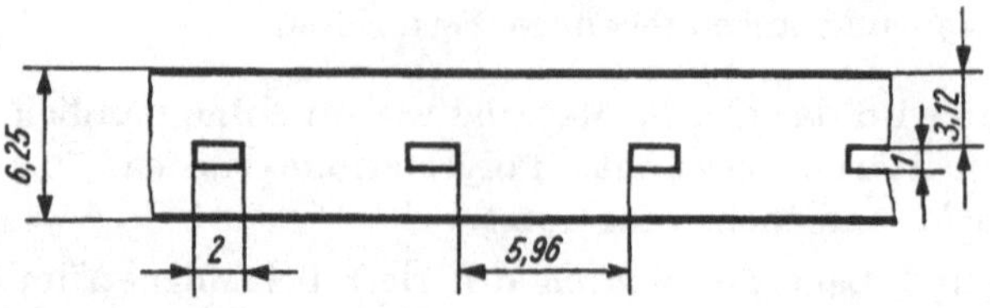

Abb. 12

Symmetrierband

Das Symmetrierband enthält auf der unmagnetischen Unterlage diskontinuierlich senkrecht aufgebrachte Streifen einer Magnetschicht (Abb. 13).

Abb. 13

Die Herstellung erfolgt entweder durch Aufbringung diskreter Magnetstreifen oder durch Ausfräsen aus einer zusammenhängenden Magnetschicht. Handelsüblich sind Bänder in 6,25 mm Breite sowie Filme in 35 mm Breite.

Verwendung findet das Symmetrierband in Rundfunk-, Schallplatten- und Filmstudios für die Überprüfung der Aufzeichnungs- und Wiedergabe-Geräte [19] bis [21].

Kennband

Viele Magnetbandhersteller produzieren Bänder, die statt der Magnetschicht eine Farbschicht besitzen. Meist wird als Grundpigment Titandioxid verwendet und ein Farbstoff in diese Schicht eingelagert. Teilweise sind auch in der Masse gefärbte Folien üblich.

Farbige Kennbänder werden zur Kennzeichnung von Magnetbändern, z. B. bezüglich Anfang und Ende, Bandgeschwindigkeit, Mono- oder Stereo-Aufzeichnung verwendet. So versehen auch einige Hersteller jede Spule Magnetband bereits im Werk am Anfang mit einem grünen und am Ende mit einem roten Bandstück.

Schaltband

Zur Endabschaltung von Heimtongeräten nach dem Durchlauf des Bandes sind sowohl mechanische Fühlhebel als auch Vorrichtungen in Gebrauch, die mit einem Schaltband arbeiten. Das Schaltband besitzt statt der Magnetschicht eine Schicht aus elektrisch leitfähigem Material. Beim Transport schließt das leitfähige Band an einem geeigneten Führungselement einen Stromkreis, und ein Relais schaltet das Transportwerk ab.

Die elektrisch leitfähige Schicht besteht entweder aus einer dünnen Metallfolie, die auf die Unterlage aufkaschiert wird, oder aus einem Lack, dessen Pigmentbestandteile Metallpulver (meist Silber mit Beimengungen anderer Metalle) sind. Ein solcher Lack kann mit den normalen Techniken der Magnetbandherstellung auf die Unterlage aufgetragen werden. Schaltbänder mit leitfähigen Lacken haben sich infolge ihrer größeren Flexibilität gegenüber solchen mit Metallfolien in den letzten Jahren mehr und mehr durchgesetzt.

Für Datenspeicherbänder werden metallbedampfte Polyesterfolien mit Klebeschicht zur Auslösung von Schaltvorgängen auf die Rückseite geklebt. Dabei spielt die elektrische Leitfähigkeit keine Rolle, sondern nur das Reflexionsvermögen, da die Auslösung fotoelektrisch erfolgt.

Hinterklebeband

Lange Zeit wurden die Magnetbänder mit einer Flüssigkeit geklebt. Sie enthielt Substanzen, die Azetylzellulose- oder PVC-Unterlagen anlösen. Mit der Herstellung von Magnetbändern auf Polyesterunterlage mußte ein anderes Klebeverfahren gefunden werden, da es hierfür kein einfaches, billiges und ungefährliches Lösungsmittelgemisch gibt. Daher wurden für diesen Zweck spezielle Selbstklebebänder entwickelt, die auf der glatten Polyesterrückseite gut haften und eine dünne Klebeschicht besitzen. Diese darf unter normalen Bedingungen nicht zum Austreten von Klebstoff führen, da sonst die einzelnen Bandlagen miteinander verkleben und Bandführungen und Magnetköpfe verschmiert werden. Ein wichtiges Kriterium ist weiterhin die Dimensionsstabilität der Klebestelle, d. h., daß unter den auf den Transportwerken auftretenden Zugbeanspruchungen keine Verbreiterung der Klebefuge eintritt.

1.3.7. Künftige Entwicklung

Die zukünftige Entwicklung auf dem Magnetbandgebiet wird durch eine weitere Verlagerung des Produktions-Schwergewichts von Audioband zu den technischen Bändern gekennzeichnet sein. Nach einer amerikanischen Schätzung wird sich der Umsatz in den USA folgendermaßen entwickeln [22]:

	1964	1965	1968	
Magnetband, gesamt	84,4	101	173	Mio $
Audio	25	30	35	Mio $
Instrumentation, Datenband	52,4	63	123	Mio $
Video	7	8	15	Mio $

Aus diesen Zahlen geht hervor, daß die Magnetbandindustrie eine ausgesprochene Wachstumsindustrie ist und durch Entwicklung neuer bzw. stark verbesserter Bandtypen auch weiterhin am Fortschritt der Automatisierung profitieren wird.

In Europa allerdings [23] wird der Anteil der Datenspeicherbänder entsprechend der geringeren Anzahl der aufgestellten Computer auch 1970 voraussichtlich geringer sein als in den USA.

1.4. Aufbau des Magnetbandes

Grundsätzlich lassen sich 2 Arten des Magnetbandes unterscheiden:

Masseband und Schichtband.

Das *Masseband* hat seinen Namen dadurch erhalten, daß die magnetisierbare Substanz im Träger inkorporiert ist, so daß das Band eine homogene Masse darstellt (Abb. 14).

Solche Bänder sind früher auf Basis PVC und Azetylzellulose hergestellt worden. Heute sind keine Massebänder mehr im Handel, da der Anteil an Eisenoxid im Bandvolumen sehr klein bleiben mußte, damit die mechanischen Eigenschaften nicht wesentlich verschlechtert wurden. Infolge der dadurch gegebenen niedrigen Packungsdichten des Eisenoxids waren die elektroakustischen Eigenschaften unzureichend.

Von der Sicht des Magnetbandproduzenten ist das Masseband wegen seiner einfachen Herstellung immer noch interessant geblieben. So gibt es z. B. aus neuerer Zeit einen Vorschlag [24], die schlechten elektro-akustischen Eigenschaften durch Verwendung eines verbesserten ferromagnetischen Materials denen von Schichtbändern anzunähern.

Abb. 14

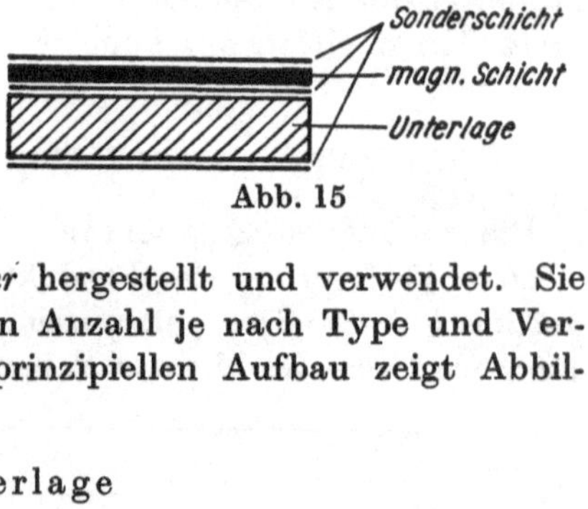

Abb. 15

Heute werden ausschließlich *Schichtbänder* hergestellt und verwendet. Sie bestehen aus verschiedenen Schichten, deren Anzahl je nach Type und Verwendungszweck unterschiedlich ist. Den prinzipiellen Aufbau zeigt Abbildung 15.

1.4.1. Die Unterlage

Das Unterlagematerial muß die von der Gerätetechnik geforderte mechanische Widerstandsfähigkeit besitzen und dabei gleichzeitig außerordentlich elastisch und schmiegsam sein. Verwendet werden Azetylzellulose, Polyvinylchlorid und Polyester. Auf die Gründe des allmählichen Überganges auf die Polyesterunterlage wurde bereits in Abschnitt 1.3. eingegangen.

Azetylzellulose

Azetylzellulose ist ein Azetat der Zellulose mit ca. 61% Essigsäuregehalt (sog. T-Cellit). Früher wurde auch eine Zellulose mit niedrigerem Veresterungsgrad (sog. F-Cellit) verwendet, die mechanischen Kennwerte waren jedoch nicht sehr gut. T-Cellit spielt noch für Standard- und Langspielbänder eine große Rolle. Hergestellt wird die Folie meist auf folgende Art:

Azetat wird in Lösungsmitteln gelöst (meist ein Gemisch von chlorierten Kohlenwasserstoffen und aliphatischen Alkoholen). Die Lösung wird in der gewünschten Stärke auf ein endloses Metallband oder Trommel aufgebracht. Durch Heißluft verdampfen hier die Lösungsmittel. Die trockene Folie wird dann aufgewickelt und in die gewünschte Breite geschnitten. Zur Erzielung der gewünschten Flexibilität werden 10–20% Weichmacher, meist Phosphor- oder Phthalsäureester, zur Gießmasse zugesetzt.

Die Azetatfolie ist im Gegensatz zu anderen Kunststoffolien relativ wenig dehnbar und reißt bei Überbeanspruchung. Von manchen Verbrauchern wurde diese Eigenschaft lange Zeit für einen Vorteil gegenüber anderen Materialien gehalten. Bei Betriebsstörungen oder Fehlbedingungen von Transportwerken reißt das Azetatband und ist nach dem Kleben wieder verwendbar. Das Polyesterband dehnt sich dagegen irreversibel, und eine auf ihm vorhandene Aufzeichnung ist dadurch unbrauchbar.

Polyvinylchlorid

Polyvinylchlorid ist nach Azetylzellulose als zweites Unterlagematerial verwendet worden. Zeitweise wurden aus PVC auch Massebänder hergestellt. Die Schwierigkeiten, die bei der Herstellung einer genügend gleichmäßigen und porenfreien PVC-Folie bestehen, haben es mit sich gebracht, daß Magnetbänder auf PVC-Basis nur von wenigen Herstellern angeboten werden. Außerdem ist PVC wenig wärmebeständig. Schon bei 70 °C verschlechtern sich die mechanischen Eigenschaften erheblich. Mit PVC-Folie können wegen der größeren mechanischen Festigkeiten nicht nur Standard- und Langspielbänder, sondern auch Doppelspielbänder produziert werden.

Die Herstellung der PVC-Folien geschieht nach 2 Verfahren. Beim *Luvithermverfahren* wird der trockene Rohstoff im geheizten Kalander ausgewalzt und schließlich vorgereckt. Die so erhaltene Folie ist äußerst gleichmäßig [25]. Das *Gießverfahren* ist ähnlich wie bei der Herstellung von Azetatfolien.

Polyester

Polyesterfolie besteht aus Polyglykolterephthalsäureester. Dieses Material ist mechanisch äußerst stabil und wenig temperatur- und feuchtigkeitsempfindlich. Angewendet wurde die Polyesterfolie für Magnetbandunterlagen zuerst in den USA. Durch die Polyesterfolie wurde die Herstellung hoch beanspruchter technischer Bänder sowie der dünnen Dreifach- und Vierfachbänder überhaupt erst möglich [26], [27].

Die Herstellung einer solchen Folie nach dem Gießverfahren scheidet aus, da Polyester in fast allen gebräuchlichen Lösungsmitteln unlöslich ist. Daher wird Polyestergranulat zunächst im Extruder aufgeschmolzen und durch eine Breitschlitzdüse zu einer dicken Folie geformt, die zur Vermeidung von Kristallisationserscheinungen sofort abgekühlt wird. Danach wird die Folie in

Längs- und Querrichtung verstreckt, um die benötigte Dicke und Festigkeit zu erreichen. In Hinsicht auf die Streckverfahren und -verhältnisse sind zwischen den verschiedenen Herstellern charakteristische Unterschiede vorhanden. Nach dem Verstrecken folgt eine Fixierzone, die spätere Schrumpferscheinungen bei Temperaturerhöhung verhindert. Schließlich wird die Folie aufgewickelt und geschnitten.

Allgemeines

Für Magnetbandunterlage wird eine Dickentoleranz von maximal $\pm 10\%$ gefordert. Außerdem muß eine gute Planlage, Freiheit von inkorporierten Fehlern, Staubfreiheit u. a. m. gewährleistet sein.

Das unterschiedliche mechanische Verhalten der drei Unterlagematerialien zeigt das Kraft–Dehnungs-Diagramm von 25 μm-Folien (Abb. 16).

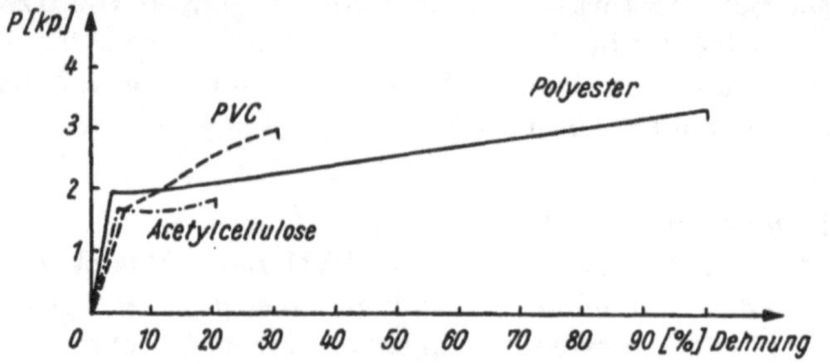

Abb. 16

1.4.2. Magnetisierbare Substanz

Die Bemühungen um die magnetisierbare Substanz des Aufzeichnungsträgers waren und sind äußerst vielfältig. Von seiner Beschaffenheit hängen nämlich die speichertechnischen Eigenschaften sehr stark ab.

Verbindungen des Eisens

Während in der Anfangszeit des Magnetbandes zunächst metallisches Eisen verwendet wurde, hat sich heute allgemein nadelförmiges γ-Fe_2O_3 durchgesetzt. In einzelnen Fällen wird aber auch noch formisotropes γ-Eisenoxid eingesetzt.

Unter den verschiedenen Verbindungen des Eisens mit Sauerstoff sind besonders 2 von Interesse, da sie ferromagnetische Eigenschaften besitzen: Fe_3O_4 und γ-Fe_2O_3. Fe_3O_4 ist ein *Eisenferrit* der Formel $Fe^{II}Fe^{III}{}_2O_4$ und besitzt ein kubisches Kristallgitter vom Spinelltyp. Dabei besetzen die Fe^{2+}-Ionen die Oktaederplätze und die Fe^{3+}-Ionen Oktaeder- und Tetraederplätze.

Obwohl Fe_3O_4 gute magnetische Eigenschaften besitzt, wurde es nur ganz kurze Zeit für magnetische Aufzeichnungsträger verwendet, da es nicht genügend stabil war (Neigung zur Autoxydation) und bestimmte elektro-akustische Anforderungen (z. B. eine hohe Kopierdämpfung) nicht erfüllte. Auf dieses Material wird später noch genauer eingegangen. Es tritt jedoch in jedem Falle, wie noch gezeigt wird, als Zwischenprodukt bei der Herstellung von γ-Fe_2O_3 auf.

γ-Fe_2O_3 ist eine metastabile, energiereichere Phase des wasserfreien Eisen(III)-oxids. Während früher allgemein die Ansicht vorherrschte, daß das γ-Fe_2O_3 ebenfalls ein kubisches Gitter vom Spinelltyp mit einer entsprechenden Anzahl Fehlstellen bildet, glaubt man nach neueren Untersuchungen [28] eine tetragonale Struktur nachgewiesen zu haben. Nach der äußeren Form unterscheidet man isotrope und anisotrope (meist stäbchen- oder nadelförmige) Kristalle.

Isotropes γ-Fe_2O_3

Isotropes oder sphärisches γ-Fe_2O_3 wird heute nur noch selten verwendet, jedoch war es lange Zeit von Bedeutung in Bändern für die Schallaufzeichnung des Rundfunk-Sektors. Grundsätzlich sind für die Herstellung solcher Oxide alle Verbindungen des Eisens geeignet, die sich in Fe_3O_4 und anschließend in γ-Fe_2O_3 umarbeiten lassen. Bekannt wurden vor allem zwei Verfahren, da sie großtechnische Anwendungen gefunden haben:

Haber-Kaufmann-*Verfahren*

Das Verfahren nach Haber-Kaufmann [29], das ursprünglich für andere Zwecke entwickelt wurde, arbeitete nach dem Fällungsprinzip. Dabei wird zunächst ein Fe(II)-Salz in Wasser gelöst und mit einem Oxydationsmittel, meist ein Alkalinitrat, versehen. Diese Mischung wird dann bei höherer Temperatur mit einem Alkali versetzt. Dabei fällt zunächst das Hydroxid des 2-wertigen Eisens aus, das anschließend zu Fe_3O_4 oxydiert wird. Durch weitere Oxydation des abfiltrierten, gewaschenen und getrockneten Fe_3O_4 mit Luftsauerstoff entsteht γ-Fe_2O_3. Über die Bedingungen, die bei diesem Röstprozeß beachtet werden müssen, um optimale Ergebnisse zu erhalten, ist besonders von Simon und Mitarbeitern berichtet worden [30], [31]. Die magnetischen Eigenschaften des so hergestellten Eisenoxids sind neben der verhältnismäßig geringen Remanenz vor allem durch die niedrige Koerzitivkraft gekennzeichnet.

Kobalt-Zusatz

Mit dem Übergang zu niedrigeren Bandgeschwindigkeiten wurden hartmagnetische Materialien benötigt, die durch eine geringere Selbstentmagnetisierung auch die Speicherung sehr kleiner Wellenlängen gestatteten. Um die Vorteile des technisch einfachen Haber-Kaufmann-Verfahrens weiter nutzen zu können, wurden die Oxide mit Zusatz von Co-Salzen in Mengen von ca. 1 bis 5%, bezogen auf eingesetztes Eisensalz, hergestellt. Dadurch konnten die magnetischen Eigenschaften tatsächlich stark verbessert werden.

Die Koerzitivkraft war genügend hoch. Dieses Verfahren, Co-dotierte Eisenoxide herzustellen, wurde weiter entwickelt, so z. B. in [32], [33]. Trotz der guten Werte sind in den heutigen Magnetbändern kaum noch Co-haltige sphärische Eisenoxide zu finden, da die magnetische Stabilität unzureichend ist. So können diese Oxide z. B. durch den Einfluß höherer Temperatur oder längerer Lagerung aufgezeichnete hohe Frequenzen ganz oder teilweise „vergessen" [34].

Herstellung auf trockenem Wege

Auf trockenem Wege läßt sich γ-Fe_2O_3 so herstellen, daß Eisensalze bei höheren Temperaturen zersetzt werden. Das entstehende α-Fe_2O_3 wird durch Reduktion in Fe_3O_4 und anschließend durch Reoxydation in γ-Fe_2O_3 überführt [35], [36], [37]. Die entstehenden Teilchen besitzen magnetische Werte, die sie für die Magnetbandherstellung geeignet machen und haben eine Größe von ca. 0,1—0,2 μm. Durch die Wahl geeigneter Parameter bei der Zersetzung und der Reduktion können die elektro-akustischen Eigenschaften in gewissen Grenzen variiert werden. Eine Dotierung mit Co oder anderen Fremdionen ist bei diesen Eisenoxiden im allgemeinen nicht üblich.

Weitere Varianten

Neben diesen beiden technisch angewandten Verfahren gibt es noch eine große Zahl von Vorschlägen für die Herstellung sphärischer ferromagnetischer Eisenoxide. In einem älteren Patent [38] werden allein drei verschiedene Vorschläge gemacht. Interessant ist die Möglichkeit, Carbonyleisenpulver mit einer genau dosierten Menge Sauerstoff zu verbrennen, da man dabei sehr feinteilige Eisenoxide erhält [39].

Anisotropes γ-Fe_2O_3

Fast alle heute auf dem Markt befindlichen Magnetbänder enthalten anisotropes oder nadelförmiges γ-Fe_2O_3 als magnetisierbare Substanz. Die Länge der Teilchen beträgt ca. 0,3 bis über 1 μm, das Verhältnis von Länge zu Breite variiert zwischen 5:1 und 10:1. Die Entwicklung solcher formanisotroper Eisenoxide wurde zuerst in den USA durchgeführt und brachte zwei Verbesserungen:

— hohe Koerzitivkraft und gute Wiedergabe auch kurzer Wellenlängen
— Möglichkeit der Orientierung bei der Herstellung des Bandes.

Da die Längsachse der nadelförmigen Teilchen gleichzeitig die Achse der leichtesten Magnetisierbarkeit darstellt, sind sie nämlich beim Gießen des Magnetbandes in einem Magnetfeld parallel zur Richtung der Feldlinien gerichtet einzubauen.

Herstellungsstufen

Die Herstellung von nadelförmigen γ-Eisenoxiden kann allgemein in drei technologische Stufen zergliedert werden. Zwar sollte es möglich sein, aus γ-FeOOH direkt durch Entwässerung γ-Fe_2O_3 zu erhalten, jedoch ist es bisher nicht bekannt geworden, daß auf diese Weise ein Produkt mit befriedigenden magnetischen Werten hergestellt wurde.

— Herstellung eines nadelförmigen, wasserhaltigen und unmagnetischen Fe(III)-oxids

— Entwässerung und Reduktion zu Fe_3O_4
— Reoxydation zu γ-Fe_2O_3.

Die 2. und 3. Stufe stellen hierbei lediglich einen Umarbeitungsprozeß ohne grundlegende Veränderung der Teilchenform dar (*Pseudomorphose*), und so muß der Herstellung genau definierter Teilchen bereits in der 1. Stufe große Aufmerksamkeit geschenkt werden. Dies gilt umso mehr, da nicht nur größenmäßig einheitliche Teilchen mit enger Größenverteilung gefordert werden, sondern darüber hinaus die Herstellungsbedingungen auf einige magnetische [40] und elektroakustische [41] Werte von Einfluß sind. Es ist daher verständlich, daß die 2. und 3. Stufe im Prinzip überall gleich durchgeführt wird. Die erste Stufe, die Darstellung von α- oder γ-FeOOH, erfolgt dagegen auf vielerlei Weise.

Herstellung von FeOOH

Im Prinzip sind α-FeOOH und γ-FeOOH als anorganische Pigmente seit langem in der Farbenindustrie bekannt. Allerdings konnten die Verfahren der Pigmentindustrie nicht ohne weiteres für die Herstellung des Ausgangsproduktes der Magnetbänder verwendet werden, da sie meist zu wenig definierte Produkte liefern. Daher sind die für die Pigmentherstellung verwendeten Verfahren weitgehend abgewandelt und ergänzt worden:

— Beim sogenannten *Keimlösungsverfahren* wird zunächst eine Suspension feiner nadelförmiger FeOOH-Keime hergestellt und dann in eine größere Menge $FeSO_4$-Lösung, die metallisches Eisen enthält, hineingegeben. Durch Oxydation dieser Suspension mit durchgeleiteter Luft bei höheren Temperaturen entsteht das gewünschte FeOOH [42]. Das Verfahren hat den Vorteil, daß die Fe^{2+}-Konzentration stets gleichbleibt, da die durch den Oxydationsprozeß freiwerdende Schwefelsäure weiteres Eisen nachlöst. Nachteilig sind die benötigten sehr großen Gefäße, weil die Konzentration der Lösung nicht beliebig hoch sein kann. Außerdem muß bei diesem Verfahren peinlich auf Freiheit von Fremdkeimen und genaue Temperaturregelung geachtet werden. Das FeOOH liegt meist in der α-Form vor.

— Beim sogenannten *sauren Fällungsverfahren* wird aus einem Fe(II)-Salz mit weniger als der stöchiometrischen Menge eines Alkali $Fe(OH)_2$ ausgefällt und dieser Niederschlag langsam zu FeOOH oxydiert. Als Oxydationsmittel werden z. B. Kaliumchlorat, Nitrate oder Luftsauerstoff [43], [44], [45] genannt. Bei Anwendung dieses Verfahrens wird auch die Beimengung von Fremdionen, z. B. Co, vorgeschlagen [46]. Die oben erwähnten Schwierigkeiten der magnetischen Stabilität solcher Co-dotierter Eisenoxide haben aber eine praktische Verwendung bisher verhindert. Über die Bedingungen, die bei der Oxydation nach dem sauren Fällungsverfahren eingehalten werden müssen, sind ebenfalls Angaben gemacht worden [44].

— Bei einer alkalischen Variante des Fällungsverfahrens wird eine Fe(II-) Salzlösung, vorzugsweise $FeCl_2$, mit einem Alkali im Überschuß versetzt und die Oxydation bei einem pH-Wert >10 durchgeführt [47]. Die dabei erhaltenen nadelförmigen FeOOH-Teilchen ergeben γ-Eisenoxide mit guten magnetischen Eigenschaften.
— Eine weitere Möglichkeit zur Herstellung eines geeigneten wasserhaltigen Eisenoxids besteht in der Umwandlung von röntgenamorphem $Fe(OH)_3$ durch starke Alkalien in ein kristallines, nadelförmiges Produkt [48]. Dabei wird zunächst aus einer $FeCl_3$-Lösung mit Alkali ein wasserhaltiges Fe(III)-oxid ausgefällt. Dieses wird filtriert, ausgewaschen und mit einer konzentrierten Alkalilösung versetzt. Die Suspension wird dann längere Zeit bei höherer Temperatur gegebenenfalls unter höherem Druck zur Erzielung der Umwandlung gehalten. Das Verfahren ist insofern interessant, als es als einziges auf den Oxydationsvorgang bei der Nadelbildung verzichtet. Trotz verschiedener Bemühungen ist der Mechanismus der Reaktion wohl noch nicht vollständig geklärt.
— Durch vorsichtige Zersetzung von nadelförmigem Fe(II)oxalat lassen sich ebenfalls nadelförmige Eisenoxide herstellen, obwohl bei diesem Verfahren natürlich kein FeOOH entsteht. Die Anwendung wird dadurch erschwert, daß die Einhaltung sehr enger Toleranzen bei der Zersetzungstemperatur u. a. m. notwendig ist.

In der Literatur sind noch weit mehr Möglichkeiten zur Herstellung von nadelförmigen Eisenoxiden beschrieben, jedoch werden sie alle nicht technisch verwirklicht. Über die Struktur der nach verschiedenen Methoden hergestellten wasserhaltigen Eisenoxide siehe [49].

Reduktion zu Fe_3O_4

Bei allen Verfahren, die zunächst nadelförmiges FeOOH herstellen, folgt danach die Entwässerung zum α-Fe_2O_3. Teilweise wird die Stufe der Entwässerung aber auch mit der Reduktion gekoppelt. Daher ist die Entwässerung bei der Beschreibung der Herstellung nicht als selbständiger Verfahrensschritt angeführt worden.

Die Reduktion des α-Fe_2O_3 zu Fe_3O_4 geschieht meist in kontinuierlich arbeitenden Öfen [50] mit Hilfe reduzierender Gase wie z. B. Wasserstoff, Stadtgas, Ammoniak usw. Dabei werden Temperaturen zwischen 250 und 500 °C angewendet. Zwar ist einerseits eine hohe Reduziertemperatur erwünscht, um z. B. eine hohe Kopierdämpfung zu erreichen [41], so muß doch andererseits zur Erhaltung der Nadelform bei möglichst niedriger Temperatur reduziert werden. Bei zu hohen Temperaturen treten Sintererscheinungen oder sogar Zerstörung der Nadeln ein.

Bei Anwendung stark reduzierender Gase muß ferner darauf geachtet werden, daß die Reduktion nicht über das Stadium des Fe_3O_4 hinausgeht. Daher wird z. B. vorgeschlagen, statt reinen Wasserstoffs ein Gemisch von Wasserstoff und Dampf zu verwenden [51]. Schließlich ist es wichtig, Maßnahmen gegen eine unkontrollierte Oxydation der äußerst feinteiligen reduzierten Pulver zu treffen. Eine Zusammenfassung über Untersuchungen des Reduktionsmechanismus wird von SYKORA und VAVRA [52] gegeben. Dort werden besonders die Arbeiten von CUFAROW und Mitarbeitern kritisch interpretiert.

Oxydation zu γ-Fe_2O_3

Das bei der Reduktion entstehende Fe_3O_4 besitzt in den meisten Fällen eine genügend hohe Remanenz, um eine Verwendung bei der Magnetbandherstellung möglich zu machen, jedoch ist die Stabilität ungenügend.

Daher folgt als letzter Verfahrensschritt die Reoxydation des Fe_3O_4 zu γ-Fe_2O_3. Als Oxydationsmittel wird vorwiegend Luftsauerstoff benutzt, die Temperaturen sind ähnlich wie bei der Reduktion. Die obere Temperaturgrenze ist hierbei nicht so sehr durch eine mögliche Zerstörung der Nadeln gegeben, sondern vielmehr durch den späteren Übergang des metastabilen tetragonalen γ-Fe_2O_3 in die stabile rhomboedrische α-Modifikation, die nur paramagnetische Eigenschaften besitzt. Den γ–α-Übergang kann man daher quasi als CURIE-*Punkt* des Eisenoxids bezeichnen, obwohl die Übergangstemperatur nicht eindeutig ist. Sie hängt u. a. sehr stark von der Art der Herstellung des Oxids und darin befindlichen Anteilen anderer Elemente ab. Durch Differentialthermoanalyse (DTA) des Oxydationsvorganges sind genaue Aufschlüsse über das Verhalten verschieden hergestellter Magnetite und ihre thermische Stabilität [31] zu erhalten.

Um den Umwandlungspunkt $\gamma \rightarrow \alpha$-$Fe_2O_3$ zu höheren Temperaturen zu verschieben, sind verschiedene Vorschläge gemacht worden. So wird die thermische Stabilität der γ-Phase z. B. durch Zusätze von W, Mo und Co-Verbindungen [53] erhöht.

Infolge des leicht exothermen Übergangs von γ-Fe_2O_3 in α-Fe_2O_3 muß bei der Oxydation besonders auf eine gute Wärmeabfuhr geachtet werden, da sonst durch lokale Überhitzung auch bei niederen Temperaturen unmagnetische Anteile gebildet werden können.

Zur Verbesserung bestimmter Eigenschaften des nach einer der bekannten Methoden hergestellten γ-Fe_2O_3 sind mehrere Vorschläge gemacht worden. So wird z. B. die Kopierdämpfung und auch die Dispergierbarkeit durch die Imprägnierung mit Zinn- oder Chromsalzen verbessert [54].

1.4.3. Entwicklungstendenzen bei magnetisierbaren Stoffen

Ein Teil der folgenden Überlegungen ist einer unveröffentlichten Arbeit von A. KÜSTER entnommen. Sie sollen zeigen, wie weit theoretisch der Wiedergabepegel (ohne Berücksichtigung des Rauschproblems) durch Verbesserung des γ-Fe_2O_3 oder Einführung anderer ferromagnetischer Stoffe noch gesteigert werden kann.

Berechnung der maximalen Sättigungsmagnetisierung von γ-Fe_2O_3

Im bisher verwendeten γ-Fe_2O_3 sind die Metallionen in 2 verschiedenen Untergittern (Tetraeder- und Oktaederlage) enthalten. Nach der Theorie des Ferrimagnetismus von NEEL sind jeweils in den einzelnen Untergittern die magnetischen Momente parallel ausgerichtet, die beiden Untergitter liegen aber antiparallel zueinander, so daß die spontane Magnetisierung gleich der Differenz der spontanen Magnetisierung der beiden Untergitter A und B ist.

$$J = J_B - J_A .$$

Die hierauf beruhende Magnetisierung nennt man Ferrimagnetismus. Bei Annahme einer tetragonalen Struktur hat die Elementarzelle folgende Zusammensetzung:

$$Fe^{3+}{}_{24}(Fe_{40}\square_8)O_{96} \quad [28] .$$

In der Tetraeder-(A-)Lage befinden sich 24 Fe^{3+} und in der Oktaedeı-(B)-Lage 40 Fe^{3+}. Das durch die magnetisch wirksamen $3d$-Elektronen bedingte magnetische Moment eines Fe^{3+}-Ions hat die Größe $5\,\mu_B$ [55]. Somit erzeugt die A-Lage $24 \times 5\,\mu_B = 120\,\mu_B$ und die B-Lage $40 \times 5\,\mu_B = 200\,\mu_B$. Da beide antiparallel gerichtet sind, ergibt sich als Differenz für 23 Moleküle γ-Fe_2O_3 das magnetische Moment zu $80\,\mu_B$ und für 1 Molekül γ-Fe_2O_3 das Moment $2{,}5\,\mu_B$. Nach Literaturangaben beträgt der gemessene Wert in guter Übereinstimmung $2{,}39\,\mu_B$.

Hieraus läßt sich einfach mit Hilfe des Wertes für μ_B und der LOSCHMIDTschen Zahl die höchst erreichbare Magnetisierungsstärke J_∞ bei 0 °K für 1 Mol (160 g) γ-Fe_2O_3 berechnen:

$$2{,}39 \cdot 9{,}27 \cdot 10^{-21} \cdot 6{,}03 \cdot 10^{23} = 13\,300 \text{ Gauß} \cdot \text{cm}^3 .$$

1 g hat dann eine Sättigungsmagnetisierung von 83 Gauß $\cdot$ cm^3 $\cdot$ g^{-1} beziehungsweise

$$4\,\pi \cdot J_{\infty/\varrho} = 1050 \text{ Gauß} \cdot \text{cm}^3 \cdot \text{g}^{-1} .$$

Dieser Wert gilt für 0 °K. Der Wert wird mit steigender Temperatur kleiner, bis er bei der CURIE-Temperatur T_c den Wert Null erreicht. Der Verlauf der Kurve für die Ferrite in Abhängigkeit von T/T_c ist bei genügendem Abstand vom CURIE-Punkt annähernd gleich. Für eine Temperatur von 20 °C (293 °K) folgt für γ-Fe_2O_3 ein Abfall auf ca. 90%.

Für 20 °C ist also die höchst erreichbare Magnetisierung J_∞

$$\frac{4\,\pi\, J_\infty}{\varrho} = 950 \text{ G cm}^3 \cdot \text{g}^{-1} .$$

Für die verschiedenen Bandsorten des VEB Filmfabrik WOLFEN ergibt sich der Wert $J_{s/\varrho} \sim 770$ G cm^3 g^{-1}. Dies stimmt recht gut mit den von KRONES gefundenem Wert von 800 G cm^3 g^{-1} für alle von ihm untersuchten Bänder überein [56].

Hierbei ist zu berücksichtigen, daß die höchst erreichbaren Magnetisierungsstärken J_∞ für sehr große Felder ($\sim$20000 Oe) gelten und die oben angegebenen Werte bei z. T. wesentlich niedrigeren Feldstärken gemessen wurden. Es ergibt sich jedoch daraus, daß die höchst erreichbare Magnetisierungsstärke nur von der chemischen Zusammensetzung (Reinheit) und der Kristallstruktur abhängig ist. Ein Vergleich der Meßwerte mit den berechneten Werten zeigt, daß eine Erhöhung der Sättigungsmagnetisierung von γ-Fe_2O_3 gegenüber den erreichten Werten theoretisch vernachlässigbar gering ist.

Sättigungsremanenz

Maßgeblich ist nun nicht die Sättigungsmagnetisierung J_S, sondern die nach Entfernung des magnetisierenden Feldes zurückbleibende Sättigungsremanenz J_{SR}. Im idealen Falle kann $J_{SR} = J_R$ sein, wenn die Hysterese völlig rechteckig ist. Bei Pulvern tritt jedoch infolge der inneren Entmagnetisierung (Scherung, Entmagnetisierungsfaktor N) eine beträchtliche Abweichung von der Rechteckform auf. Das Verhältnis J_{SR}/J_S (relative Remanenz oder Rechteckfaktor genannt) ist ein Maß für die Abweichung vom Rechteckverlauf. Im Idealfall wäre also $J_{SR}/J_S = 1$, erreichbar sind jedoch höchstens 0,9 bis 0,95. Um eine hohe Remanenz und damit einen hohen Wiedergabepegel bei einem bestimmten System zu erreichen, muß die relative Remanenz also so hoch wie möglich sein. Der Wert der relativen Remanenz steigt einmal mit der Koerzitivfeldstärke, zum anderen steigt er mit der Verringerung des Entmagnetisierungsfaktors N.

Für kubische Kristalle ist $N = 0{,}33$. Hier kann eine Erhöhung des J_{SR}/J_S-Wertes durch höhere Koerzitivfeldstärke (z. B. durch Co-Zusatz), d. h. Erhöhung der Kristallanisotropie, erreicht werden.

Bei nadelförmigen Eisenoxiden ist der Entmagnetisierungsfaktor in Längsrichtung des Kristalles wesentlich kleiner als quer zur Längsachse. Für Rotationsellipsoide sind solche Werte für verschiedene Achsenverhältnisse berechnet worden [57]. Bei einem Achsenverhältnis von 5 : 1 ist der Entmagnetisierungsfaktor schon sehr klein und bei 10 : 1 praktisch Null. Eine weitere Vergrößerung des Verhältnisses bringt demnach keinen Gewinn.

Unter gewissen vereinfachenden Annahmen beträgt für ein nadelförmiges Eisenoxid mit einer ${}_JH_c = 230$ Oe der Ausrichtungsquotient (Verhältnis J_{SR} längs zu J_{SR} quer) 1,7. Die praktischen Ergebnisse werden von diesen Werten etwas abweichen, da die Form der Nadeln nicht genau einem Rotationsellipsoid entspricht.

Die relative Remanenz von Magnetbändern mit nadelförmigen Eisenoxiden beträgt ca. 0,75—0,83. Wäre es möglich, den Rechteckfaktor noch auf 0,9—0,95 zu steigern, so könnten $1-1^1/_2$ dB an Wiedergabepegel gewonnen werden.

Der Wiedergabepegel ist nun außer von der Remanenz noch von der Spurbreite b, der Schichtdicke d und vom Volumenfüllfaktor F_v abhängig, ($\Phi_R = J_R \cdot b \cdot d \cdot F_v$). Wäre ein Füllfaktor von 0,5 erreichbar (es darf bezweifelt werden, daß dies möglich ist), so träte eine weitere Pegelerhöhung ein.

Für das System γ-Fe_2O_3 dürfte also unter Berücksichtigung aller theoretisch gegebenen Möglichkeiten (Steigerung der relativen Remanenz und Erhöhung des Volumenfüllfaktors) gegenüber den derzeitigen Bändern im günstigsten Falle eine Steigerung des Wiedergabepegels um 3–5 dB möglich sein.

Andere Substanzen

Es erhebt sich nun die Frage, ob mit anderen magnetischen Substanzen höhere Sättigungsmagnetisierungen und damit gegebenenfalls höhere J_{SR}-Werte erreicht werden können. Dabei sei zunächst die Klasse der Ferrite betrachtet. Besonders interessant sind darunter die Ferrite mit Spinellstruktur. Die Strukturformel lautet $MeFe_2O_4$, worin Me ein 2-wertiges Metallion ist. Es können auch Kombinationen von verschiedenen 2-wertigen Ionen auftreten (Mischferrite), ferner können an Stelle des 2-wertigen Ions Kombinationen von ein- und dreiwertigen Ionen eingebaut werden, schließlich können auch die dreiwertigen Eisenionen ganz oder teilweise durch ein anderes Ion ersetzt werden. In diesem Sinne ist auch γ-Fe_2O_3 ein Ferrit, bei dem das „Me" aus einer Kombination von Leerstellen und dreiwertigen Eisenionen besteht.

Im normalen Spinell befinden sich auf den beiden Untergittern die 8 vorhandenen 2-wertigen Ionen auf den Tetraederplätzen und die 16 vorhandenen dreiwertigen Ionen auf Oktaederplätzen. Diese Verteilung wird als normale Spinellstruktur bezeichnet. Bei vielen Spinellen befinden sich jedoch auf den Tetraederplätzen 8 dreiwertige Metallionen und auf den Oktaederplätzen 8 dreiwertige und 8 zweiwertige Metallionen. Spinelle mit einer solchen Ionenverteilung werden inverse Spinelle genannt. Zwischen normalen und inversen Spinellen gibt es alle möglichen Übergänge.

Fe_3O_4

Der einfachste Vertreter der Ferrite mit inverser Spinellstruktur ist das Fe_3O_4. Das resultierende magnetische Moment für 1 Molekül Fe_3O_4 läßt sich folgendermaßen berechnen: 1 dreiwertiges Fe-Ion hat 5 μ_B und ein 2-wertiges Fe-Ion hat 4 μ_B [58]. In dem aus 8 Molekülen bestehenden Elementarwürfel befinden sich 8 Fe^{3+}-Ionen in der A-Lage (8.5 μ_B) und 8 Fe^{3+} sowie 8 Fe^{2+} in der B-Lage (8.5 μ_B + 8.4 μ_B). Da A- und B-Lagen antiparallel ausgerichtet sind, ergibt sich für den Elementarwürfel (8 Fe_3O_4) eine spontane Magnetisierung von 32 μ_B, für das magnetische Moment eines Moleküls 4 μ_B. Experimentell wurde ein Wert von 4,1 μ_B [59] bestimmt.

Nach der üblichen Rechnung ergibt sich schließlich, bezogen auf 1 g und 20 °C, eine Magnetisierung J_∞ von 93 G · cm³ · g⁻¹; $4\pi J_\infty/\varrho = 1170$ G × cm³ · g⁻¹. Der Wert liegt also um etwa 23% höher als der entsprechende Wert für γ-Fe_2O_3. Wenn trotzdem Fe_3O_4 nicht mehr für die Bandherstellung verwendet wird, so liegt das an den wesentlich ungünstigeren Nachwirkungserscheinungen (Kopierdämpfung, Löschdämpfung).

Ferrite

Besteht nun die Möglichkeit, andere Ferrite mit einer größeren spontanen Magnetisierung J_∞ herzustellen? Es erscheint zunächst paradox, daß durch

Einführung von unmagnetischen Metallen an Stelle der Eisenionen eine höhere Magnetisierung erhalten werden kann. Wenn aber die Eisenionen auf den Tetraederplätzen (*A*-Gitter) durch Ionen, die ein μ_B von 0 haben, ersetzt würden, so könnte das magnetische Moment des *B*-Gitters voll wirksam werden. Wäre das *B*-Gitter mit 16 Fe^{3+}-Ionen besetzt, so resultierte ein magnetisches Moment des Moleküls von $\frac{16 \cdot 5}{8} = 10\ \mu_B$. Tatsächlich läßt sich dies nur bis zu einem gewissen Maße durchführen (etwa 7 μ_B), bei höherer Konzentration der unmagnetischen Ionen zerfällt das *B*-Gitter in 2 Untergitter, deren magnetische Momente sich dann teilweise wieder kompensieren. Bei Betrachtung der J_∞/ϱ-Werte der Spinellferrite ergibt sich, daß bei 0 °K zwar teilweise höhere Werte als bei γ-Fe_2O_3 erhalten werden. Infolge des meist niedrigeren CURIE-Punktes ist der Abfall mit steigender Temperatur stärker, so daß bei Raumtemperatur die Ferrite überwiegend eine kleinere spontane Magnetisierung als γ-Fe_2O_3 haben.

Auch bei Ferriten mit anderer Kristallstruktur als dem Spinelltypus werden bei Raumtemperatur niedrigere Werte als bei γ-Fe_2O_3 erhalten.

Obwohl eine Reihe von Patenten veröffentlicht ist [60] bis [64], in denen spezielle Ferrite und Mischferrite für Magnetbänder geschützt werden, erscheint es nach den obigen Ausführungen nicht sehr wahrscheinlich, daß auf diese Weise höhere Pegel erhalten werden können. Das besagt natürlich nichts über die Möglichkeit der Verbesserung anderer Qualitätsmerkmale.

Chromdioxid

Eine höhere Magnetisierung als γ-Fe_2O_3 und die Mehrzahl der Ferrite besitzt das in den letzten Jahren bekannt gewordene CrO_2. Die Herstellung ist nach der bisher vorliegenden Literatur nicht ganz leicht [65] bis [72], zumal für eine ausreichend hohe Koerzitivkraft eine Modifizierung durch Einbau von Fremdatomen notwendig ist. Die Eigenschaften von CrO_2 werden von DARNELL und CLOUD beschrieben [73]. Darauf und auf die bereits erwähnte Arbeit von KÜSTER aufbauend ergeben sich für CrO_2 folgende Verhältnisse:

CrO_2 kristallisiert tetragonal, die Röntgendichte beträgt 4,9 g/cm³, die CURIE-Temperatur liegt bei 121 °C. Bei 77 °K weist CrO_2 je Chromatom ein magnetisches Moment von zwei BOHRschen Magnetonen auf. Hieraus ergibt sich mit der LOSCHMIDTschen Zahl die höchstmögliche Magnetisierung zu

$$11\,200 \text{ Gauß} \cdot \text{cm}^3 .$$

1 g hat dann eine Sättigungsmagnetisierung von

$$\frac{11\,200}{100} = 112 \text{ Gauß} \cdot \text{cm}^3 \cdot \text{g}^{-1}$$

$$4\,\pi \cdot J_\infty/\varrho = 1400 \text{ Gauß} \cdot \text{cm}^3 \cdot \text{g}^{-1} .$$

Dieser theoretische Wert gilt für 77 °K, er fällt bis zur CURIE-Temperatur T_C auf den Wert Null ab. Für 20 °C wird J_∞/ϱ noch mit 90—92 Gauß cm³ g⁻¹

angegeben [74], in [69] sogar bis 100 Gauß $cm^3 g^{-1}$.

$$4 \pi J_\infty/\varrho = 90 \cdot 4 \pi = 1130 \text{ Gauß } cm^3 g^{-1} .$$

Dieser Wert liegt gegenüber dem Maximalwert von γ-Fe_2O_3 bei 20 °C um ca. 20% höher.

Die höchsten $J_{S/\varrho}$-Werte, die für CrO_2 in der Literatur gefunden wurden, betragen 85 Gauß $cm^3 g^{-1}$, gemessen bei einer Feldstärke von 2000 Oe [69].

$$4 \pi J_{S/\varrho} = 1070 \text{ Gauß } cm^3 g^{-1} .$$

Die Werte für γ-Fe_2O_3 bei etwa gleichen Versuchsbedingungen liegen für $4 \pi J_{S/\varrho}$ bei 800–850 Gauß $cm^3 g^{-1}$; d. h. CrO_2 bringt gegenüber Fe_2O_3 bezüglich der Magnetisierung einen Vorteil. Die nachteilig niedrigere Koerzitivkraft des reinen CrO_2 kann durch Modifizierung verbessert werden.

Metalle

Wesentlich höhere spontane Magnetisierungen als oxidische Ferrite ergeben bestimmte Metalle und Legierungen, auch solche aus nichtferromagnetischen Elementen (z. B. Cu–Mn–Al; Mn–Sb usw.). Die höchste Magnetisierung unter den Elementen hat reines Eisen mit 2,22 μ_B pro Atom, das entspricht einem $4 \pi J_{S/\varrho} = 2800 \text{ G} \cdot cm^3 \cdot g^{-1}$.

Da für die Verwendung die Magnetisierung eines bestimmten Volumens maßgeblich ist, muß zum Vergleich mit den entsprechenden Werten von γ-Fe_2O_3 der Wert mit der Dichte multipliziert werden. Dabei soll die röntgenographische Dichte von Fe zu 7,9 und von γ-Fe_2O_3 zu 5,0 zugrunde gelegt werden. Somit ergibt sich bei 0 °K für

$$\text{Eisen} \quad 4 \pi J_\infty = 22000 \text{ Gauß},$$
$$\gamma\text{-}Fe_2O_3 \quad 4 \pi J_\infty = 5250 \text{ Gauß}.$$

Die spontane Magnetisierung des reinen Eisens ist demnach um den Faktor 4 (12 dB) größer als die des Eisenoxids. Die höchsten Werte ergibt eine Eisen-Kobaltlegierung mit

$$4 \pi J_\infty \sim 25000 \text{ Gauß}.$$

Aus den bisher angeführten Überlegungen geht also hervor, daß nur bei Verwendung von Metallen noch wesentliche Steigerungen des Wiedergabepegels zu erreichen sein werden. Dies stimmt auch überein mit den von Mee [75] angestellten Untersuchungen. Bei Mee sind auch tabellarisch die wichtigsten Werte von oxidischen und metallischen magnetischen Materialien angeführt.

Aus verschiedenen Veröffentlichungen [76] bis [90] geht hervor, daß bereits vielfältige Bemühungen um die Herstellung eines Magnetspeichers mit Metallschicht gemacht werden, besonders zur Realisierung sehr hoher Aufzeichnungsdichten. Dabei kann entweder ein feinteiliges Metallpulver in herkömmlicher Weise in ein Bindemittel eingebettet werden oder eine kompakte Metallschicht auf eine Polyesterunterlage abgeschieden werden. Feinteilige magnetische Metallpulver können hauptsächlich hergestellt werden durch elektrolytische

Abscheidung an Quecksilber [91], durch reduzierende Zersetzung von entsprechenden Metalloxalaten [92], [93] oder durch Zersetzung von Metallcarbonylen.

Die kompakten Metallschichten werden vorwiegend elektrolytisch auf entsprechend vorbehandelten Kunststoffolien abgeschieden. Daneben spielen die Verfahren der Abscheidung durch reduzierende Chemikalien und durch Aufdampfen im Hochvakuum eine gewisse Rolle.

Es ist nicht zu erwarten, daß die metallischen magnetischen Materialien in naher Zukunft die jetzt gebräuchlichen Eisenoxide verdrängen werden. Dies hat im wesentlichen zwei Gründe: Einmal wird es sehr schwierig sein, Metallbänder zu einem den Oxidbändern vergleichbaren Preis herzustellen, und zum anderen lassen sich die Vorteile der Metallbänder nur mit entsprechend ausgelegten Geräten ausnutzen.

1.4.4. Das Bindemittel

Als Bindemittel wird der Stoff bezeichnet, der das Eisenoxid umhüllt und die Filmbildung auf der Trägerunterlage bewirkt. Grundsätzlich kommen dafür alle in der Lacktechnik gebräuchlichen Bindemittel in Betracht, jedoch werden bei der Magnetbandherstellung bestimmte Forderungen gestellt, die nicht alle normalen Filmbildner erfüllen können. An solchen Forderungen können u. a. genannt werden: Hohes Aufnahmevermögen für das Pigment, Bildung sehr homogener und glatter Oberflächen bei der Trocknung, Elastizität und Abriebfestigkeit, Fähigkeit zur Adhäsion auf der Unterlage bzw. einer darauf aufgebrachten Haftschicht, geringe Neigung zur Strukturviskosität usw.

Die Palette der in den Magnetbändern verwendeten Bindemittel ist äußerst vielseitig und umfaßt neben den großtechnisch hergestellten Kunststoffen auch speziell entwickelte Stoffe, die besonders für technische Hochleistungsbänder eingesetzt werden. Von Bedeutung ist ferner die Art der Weichmacher, die man zusetzen muß, da die meisten Bindemittel von Natur aus zu spröde sind. Breitere Anwendung haben u. a. folgende Bindemittel erfahren:

- *Nitrozellulose* oder exakter Zellulosenitrat ist eines der ersten Bindemittel für Magnetband gewesen. Am verbreitetsten waren dabei höher molekulare, esterlösliche Sorten. Auch heute wird Nitrozellulose teilweise in Kombination mit anderen Bindemitteln wegen seiner guten Dispergiereigenschaften verwendet. Als Nachteil ist die ungenügende mechanische Festigkeit bekannt. Dies führte dazu, andere Bindemittel zu suchen.
- *Polyvinylchlorid*, besonders solches mit einem hohen Chlorgehalt, bot sich speziell für Magnetbänder auf PVC-Unterlage an. Durch die nahe chemische Verwandtschaft von Unterlage und Bindemittel konnten u. a. die Haftprobleme gut beherrscht werden. Allerdings mußte die Lösemittelauswahl besonders sorgfältig sein, damit keine unerwünschten Anlösungseffekte auftraten.

— *Mischpolymerisate* aus Vinylchlorid und Vinylazetat werden mit einem hohen Vinylchloridanteil (meist um 85%) eingesetzt, damit eine genügende Härte gewährleistet ist. Dieses Bindemittel hat weite Verbreitung vor allem bei Audiobändern verschiedener Hersteller gefunden.
— *Polymethacrylsäureester* sind in verschiedenen Kombinationen u. a. auch bei technischen Bändern zu finden.
— *Kondensationslacke*, besonders Polyurethane, bilden sehr harte, widerstandsfähige Überzüge. Daher wurden sie schon früh als Bindemittel für Magnetbänder vorgeschlagen [94]. Im Gegensatz zu den bisher genannten Bindemitteln, bei denen bei der Lackfilmbildung nur eine physikalische Trocknung stattfindet, tritt hier eine chemische Reaktion ein. Dabei wird z. B. ein Diisoeyanat mit einer Verbindung, die mehrere Hydroxylgruppen besitzt (z. B. Hexantriol), zu einem Polyurethan umgesetzt.

  Wegen der kurzen Verarbeitungsspanne dürfen die beiden Komponenten erst unmittelbar vor dem Gießprozeß zusammengegeben werden. Die ungenügenden lacktechnischen Eigenschaften der Polyurethan-Komponenten haben allerdings dazu geführt, diese mit anderen Bindemitteln zu mischen. Durch höhere Temperaturen wird der Härtungsprozeß beschleunigt und verbessert.

Die genannten Stoffe stellen nur eine kleine Auswahl der heute gebräuchlichen Bindemittel dar. Auf diesem Gebiet ist gerade in den letzten Jahren sehr intensiv gearbeitet worden, und ein Ende der Entwicklung ist speziell durch die Anforderungen an technische Hochleistungsbänder nicht abzusehen. Eine Auswahl von Patentvorschlägen für Bindemittel des Magnetbandes ist im Literaturverzeichnis [95] bis [114] angeführt.

1.4.5. Hilfsschichten

In der Frühzeit der Magnetbandherstellung bestand das Schichtband lediglich aus der Trägerunterlage und der darauf aufgebrachten magnetischen Schicht. Es war also ein 2-Schichtband. Mit den steigenden Anforderungen an die Bänder wurde auch der Schichtaufbau komplizierter, wenn es heute auch der erreichte technische Stand gestattet, möglichst viele Funktionen in einer einzigen Schicht zusammenzufassen.

Haftschicht

Die Haftschicht hat die Aufgabe, die Adhäsion zwischen der Magnetschicht und der Unterlage zu vermitteln [115] bis [118]. Stärkere Anwendung findet diese Schicht seit der Einführung der PE-Unterlage, die in allen gebräuchlichen Lösungsmitteln unlöslich ist und daher eine Haftvermittlung auf dem Wege der Anlösunα nicht zuläßt.

Rückschicht

Die Rückschicht ist meist rauh und hat die Aufgabe, die Wickelfähigkeit von Studiobändern auf flanschlosen Kernen zu verbessern. Meist enthält sie

Titandioxid oder andere anorganische Pigmente als *rauhe Substanzen*, jedoch ist auch die Verwendung von organischen Stoffen vorgeschlagen worden [119] bis [122]. Die rauhe Rückschicht bietet darüber hinaus durch unterschiedliche Anfärbung die Möglichkeit, einzelne Bandtypen wie z. B. normales Studioband und Hochpegelband zu kennzeichnen.

Gleitschicht

Die Gleitschicht soll die Gleitfähigkeit der Bänder an den Magnetköpfen verbessern und das gefürchtete *Schwingen* und den *blocking*-Effekt vermeiden. Es ist auch möglich, Substanzen zur Verbesserung der Gleitfähigkeit direkt in die magnetische Schicht einzuarbeiten. Allerdings darf die Gleitschicht nicht zu einem Verschmieren der Köpfe führen. Geeignete Substanzen sind z. B. Silikone und Molybdändisulfid [123]. Für Endloskassetten werden meist Graphit enthaltende Gleitschichten auf die Rückseite aufgebracht.

Deckschicht

Die Deckschicht wird bei bestimmten Typen von Datenbändern verwendet und soll dazu dienen, die Abriebfestigkeit zu erhöhen. Sie ist ca. 0,5—1 μm stark, unpigmentiert, und erhöht den Band–Kopf-Abstand um diesen Betrag, so daß die Möglichkeit der Aufzeichnung hoher Speicherdichten begrenzt ist. Die Deckschicht bietet die Möglichkeit, Datenspeicherbänder mit normalen, nicht besonders harten Bindemitteln herzustellen.

Leitschicht

Die Leitschicht enthält meist elementare Kohlenstoffe in Form von Ruß oder Graphit und dient zur Erniedrigung des Oberflächenwiderstandes. Sie wird u. a. auch auf die Rückseite von besonders starken PE-Folien (z. B. bei Magnetkarten) aufgebracht. In neuerer Zeit wird bei Datenbändern Kohlenstoff direkt in die Magnetitschicht eingearbeitet. Die Erniedrigung des Oberflächenwiderstandes des Magnetbandes durch ein- oder beidseitiges Bedampfen der Trägerfolie mit einem Metallüberzug ist ebenfalls vorgeschlagen worden [124].

1.5. Herstellung des Magnetbandes

1.5.1. Dispersionsherstellung

Die erste Aufgabe der Magnetbandherstellung besteht darin, aus den sorgfältig ausgesuchten und laufend kontrollierten Rohstoffen eine Dispersion höchster Homogenität herzustellen (Suspension–Magnetlack). Dieser Vorgang ist technologisch dem Prozeß der Lackherstellung fast gleich, jedoch muß wegen der hohen Anforderungen an den Magnetlack eine wesentlich höhere Präzision erreicht werden. Dabei handelt es sich um einen reinen Dispergiervorgang, wobei größere Agglomerate zerteilt werden. Eine Echtmahlung findet nicht statt. Schematisch wird die Dispersionsherstellung in Abb. 17 gezeigt.

Bevorzugt wird die Kugelmühle als Dispergiermaschine eingesetzt, die zwar hohe Scherungskräfte überträgt, die nadelförmigen Eisenoxide aber bei Einhaltung optimaler Dispergierzeiten nicht zerstört [56]. Bei extrem langen Dispergierzeiten, die aber bei der Magnetlackherstellung nicht üblich sind, werden allerdings die Nadeln langsam zerstört. Über die grundlegenden Bedingungen, die bei der Dispergierung in Kugelmühlen eingehalten werden müssen, siehe z. B. bei DINTENFASS [125]. Meist wird das Pigment zunächst

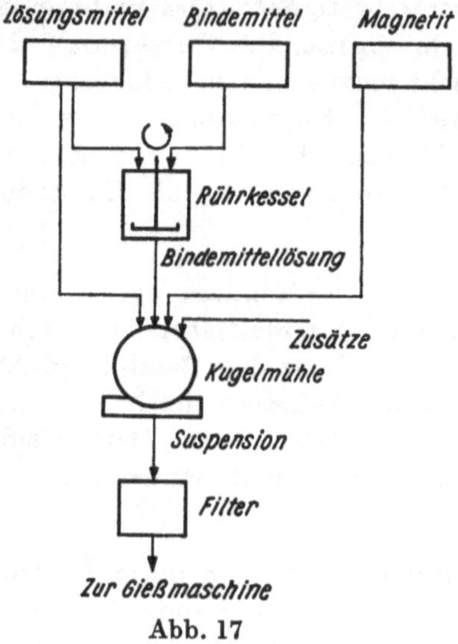

Abb. 17

mit Lösemitteln, evtl. unter Beifügung von Dispergierhilfsmittel, vordispergiert und dann die Bindemittellösung hinzugefügt. Als Dispergierhilfsmittel werden z. B. Salizylsäure [126], Oleinsäure [127] u. a. m. vorgeschlagen. Es ist weiterhin bekannt [128], daß genaueste Einhaltung der Mahldauer, Temperatur und des Feuchtigkeitsgehaltes wesentlich für die Qualität der Dispersion sind. Diese Werte müssen deshalb so peinlich eingehalten werden, da dadurch die elektroakustischen Eigenschaften des fertigen Magnetbandes stark beeinflußt werden. So fällt z. B. die Kopierdämpfung beim Überschreiten der günstigsten Mahlzeit schnell ab [128], [41]. Den Einfluß der Mahlung auf die magnetischen Werte von natürlichem Magnetit hat VAN OOSTERHOUT [129] untersucht.

Die Wahl der Lösungsmittel ist gleichfalls von Bedeutung für eine gute Dispersion. Hierfür lassen sich keine verbindlichen Angaben machen, da die Zusammensetzung sehr stark von dem verwendeten Bindemittel und der zu beschichtenden Unterlage abhängt.

Zum Abschluß der Dispergierung wird das erhaltene Produkt stets filtriert, um die letzten noch vorhandenen Zusammenballungen oder Fremdkörper zu entfernen. Ohne solche Vorsichtsmaßnahmen treten beim Beguß die Zusammenballungen als Inhomogenitäten des Magnetbands auf. Beim Filtriervorgang werden alle Teilchen $>1\ \mu m$ entfernt, damit eine glatte und vollkommen homogene Schichtoberfläche des Magnetbandes erreicht wird. Durch den Dispergiervorgang und die in der Dispersion enthaltenen Stoffe muß weiterhin eine solche Stabilität gewährleistet sein, daß die Reagglomerationserscheinungen nach dem Filtrieren so gering wie möglich bleiben.

Neben den Kugelmühlen werden teilweise auch andere Dispergiermaschinen für die Magnetbandherstellung verwendet, so wurde z. B. die Sand-Mill, eine kontinuierlich arbeitende Hochleistungs-Rührwerksmühle, vorgeschlagen. Trotz dieser neuen Entwicklungen ist die dominierende Stellung der Kugelmühle wegen ihrer Vorteile nach wie vor unangetastet.

1.5.2. Beschichtung

Nach der Herstellung der Dispersion, die als Pigment das nadelförmige γ-Fe_2O_3 enthält, wird diese auf die unmagnetische Trägerunterlage aufgetragen. Dabei sind grundsätzlich das Naß-Naß- und das Trocken-Naß-Verfahren zu unterscheiden.

Naß-Naß-Verfahren

Der Name ist so zu erklären, daß hierbei beide Materialien, sowohl die Unterlage als auch die Dispersion in *nasser* Form an die Beschichtungsmaschine gelangen. Die Maschine besteht im wesentlichen aus einem endlosen Metallband, das über zwei Trommeln gespannt ist, deren eine angetrieben wird (Abb. 18).

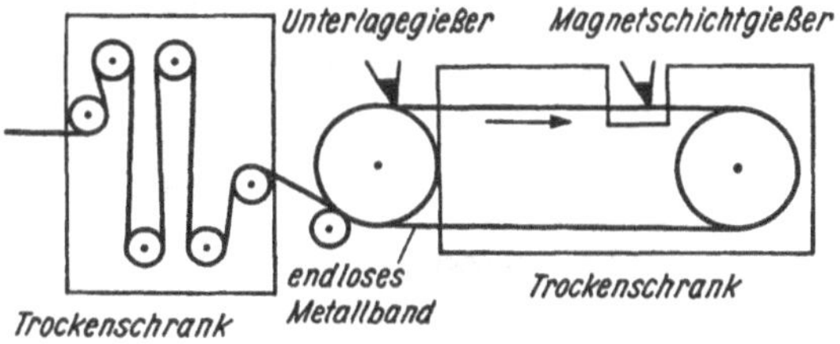

Abb. 18

Die Unterlagelösung fließt aus dem Gießer I auf das endlose Metallband und wird getrocknet, am Gießer II ist die Unterlage bereits soweit ausgetrocknet, daß sie prägefest ist und die Magnetschicht aufgebracht werden kann. Diese wird im weiteren Verlauf auf dem Metallband wiederum prägefest getrocknet. Schließlich wird das fertige Magnetband vom Metallband abgezogen, durch einen Nachtrockenschrank geführt und schließlich aufgewickelt.

Dieses Beschichtungsverfahren hat zunächst den Vorteil, daß zur Herstellung von Unterlage und magnetischer Schicht nur eine Maschine benötigt wird. Dem stehen jedoch mehrere entscheidende Nachteile gegenüber: Zunächst ist bei einer gegebenen Maschinengröße die Beschichtungsgeschwindigkeit wegen des zweifachen Trocknungsvorgangs stets nur gering. Zum anderen ist es sehr schwierig, für jede der beiden Schichten auf nur einer Maschine jeweils optimale Bedingungen zu schaffen. Ein entscheidender Mangel besteht jedoch darin, daß die Maschine nur für in Lösemitteln lösliche Unterlagematerialien, wie z. B. Azetylzellulose oder PVC verwendet werden kann. Die Verarbeitung des heute überwiegend gebrauchten Polyäthylenterephthalats hingegen ist wegen seiner Unlöslichkeit nicht möglich.

Neben der beschriebenen *normalen* Folge, bei der zunächst die Unterlage und anschließend die magnetische Schicht aufgebracht wird, ist auch die umgekehrte Folge bekannt. Dabei wird die Magnetschicht auf das blanke Metallband oder eine entsprechende Präparation aufgegossen (Gießer I) und das Unterlagematerial darübergezogen (Gießer II). Der Vorteil soll in sehr gleichmäßigen und glänzenden Oberflächen bestehen.

Trocken-Naß-Verfahren

Um die Möglichkeit zu haben, alle Kunststoff-Unterlagen ohne Rücksicht auf ihre Löslichkeit verarbeiten zu können, wurde das Trocken-Naß-Verfahren für die Magnetbandherstellung eingeführt. Dabei wird die vorgefertigte und auf die Beschichtungsbreite zugeschnittene Folie von einer Abwicklung über ein Gießsystem und anschließend durch einen Trockenkanal zur Aufwicklung geführt (Abb. 19).

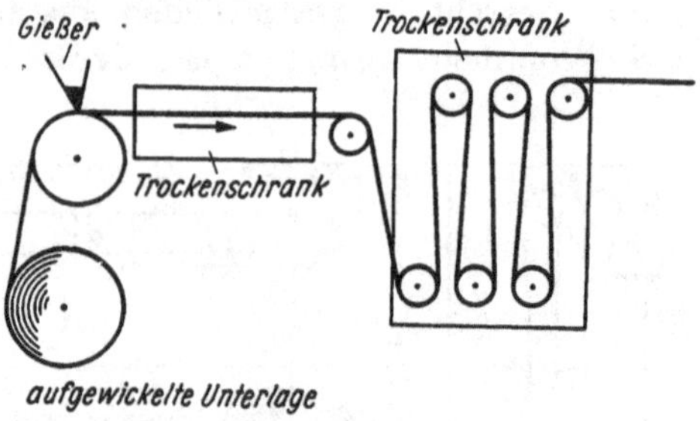

Abb. 19

Das Gießsystem kann sehr verschieden ausgeführt sein (siehe z. B. [130], [131], [132]) und ist dem jeweiligen Verwendungszweck angepaßt. Voraussetzung für einen gleichmäßigen Beguß ist, daß es gelingt, die Folie mit äußerster Geschwindigkeitskonstanz durch die Maschine zu führen. Allgemein ist nach dem Gießsystem vor der Trocknung noch eine magnetische Orientierungsvorrichtung [133] bis [140] vorhanden, die die nadelförmigen Teilchen in der gewünschten Aufzeichnungsrichtung ausrichtet. Die Form des Trockenkanals ist sehr unterschiedlich, so kann er z. B. gerade, leicht gebogen oder auch spiralförmig ausgebildet sein. Oftmals ist bereits an der Beschichtungsmaschine eine Einrichtung zur Vorprüfung der Magnetbandqualität angebracht [141].

Zur Aufbringung zusätzlicher Schichten werden entweder spezielle Maschinen verwendet oder weitere Auftragsvorrichtungen an der Beschichtungsmaschine angebracht.

Andere Auftragsverfahren

Neben dem weit verbreiteten Trocken-Naß-Verfahren sind noch andere Methoden bekanntgeworden, um Magnetbänder herzustellen, die kurz gestreift werden sollen.

Nach einem amerikanischen Vorschlag [142] wird die Magnetschicht zunächst auf eine hochglanzpolierte Metalltrommel gegossen und angetrocknet. Anschließend wird die Trägerunterlage aufkaschiert und das fertige Band schließlich von der Trommel abgezogen. Der Vorteil soll in der besonders glatten Oberfläche des so hergestellten Magnetbandes bestehen.

Eine weitere Möglichkeit zur Beschichtung wird darin gesehen, die Magnetschicht auf die Unterlage aufzusprühen [143], [144] und u. U. dabei gleichzeitig magnetisch auszurichten [145]. Dadurch erhält man Magnetbänder, deren Oberfläche sich durch große Gleichmäßigkeit und Glätte auszeichnen.

Durch Herstellung einer innigen Mischung von Eisenoxid mit einem thermoplastischen Bindemittel im Extruder und anschließendes Extrudieren dieser Mischung gleichzeitig mit dem Unterlagematerial aus einer Mehrschlitzdüse soll sich ebenfalls ein Magnetband herstellen [146] lassen.

Die vielen Vorschläge, die hier nur unvollständig aufgeführt werden konnten, legen Zeugnis von dem Bemühen ab, die Qualität des Magnetbandes zu verbessern. Bei bestimmten technischen Hochleistungsbändern wird heute bereits eine Beschichtungsgleichmäßigkeit von $\pm 0{,}1\ \mu m$ gefordert.

Neben den Verbesserungen an den Beschichtungsapparaturen hat sich auch die Erkenntnis durchgesetzt, daß die Räume für die Magnetbandherstellung staubfrei und klimatisiert sein müssen, um eine einwandfreie Produktion zu gewährleisten.

1.5.3. Nachbehandlung

Nach dem Beschichtungsvorgang werden die Magnetbänder vielfach noch einer Nachbehandlung unterzogen. Die Einzelheiten dieses Arbeitsganges werden von den einzelnen Firmen nicht bekanntgegeben, sondern sie begnügen sich allgemein mit Hinweisen wie z. B. dem, daß die Bänder *oberflächenveredelt* sind. Aus der Literatur sind jedoch einige Verfahren bekanntgeworden, die teilweise offensichtlich auch großtechnisch angewendet werden.

In vielen Patenten, die sich mit besonderen Herstellungsverfahren oder Suspensionsrezepturen für Magnetband befassen, wird angegeben, daß das Magnetband nach der Beschichtung kalandriert wird. Die dazu verwendeten Kalander sind Walzwerke, die in einigen Fällen auch mit elastischen Zwischenwalzen ausgerüstet sein können. Als Material für solche elastische Walzen kommt z. B. Polyamid [147], [148] in Frage. Liniendruck, Anzahl der Berührungsstellen, Temperatur usw. sind Variable, die jeweils auf ein bestimmtes

System eingestellt werden. Der Kalandrierprozeß dient u. a. der Oberflächenglättung der Magnetbänder, um einen besseren Frequenzgang zu erreichen.

Die gleiche Wirkung wird mit Polieren zu erreichen versucht [149]. Nach einer japanischen Untersuchung [150] werden dafür Nylonbürsten verwendet. Es wird gezeigt, wie sich dabei besonders Gewinne im Bereich der hohen Frequenzen ergeben.

1.5.4. Schneiden

Einer der wichtigsten Arbeitsgänge bei der Magnetbandherstellung ist das Schneiden, da dadurch die mechanische Qualität des Bandes ganz entscheidend beeinflußt wird. Mit der Erhöhung der Informationsdichte ist die mechanische Präzision der Bänder zu einem entscheidenden Faktor geworden. Besonders die Entwicklung der technischen Bänder ist ohne die Entwicklung einer speziellen Schneidtechnik nicht denkbar. Gefordert werden eine gerade Schnittkante, Freiheit von Schneidestaub und eine möglichst geringe Säbelförmigkeit (s. auch unter 1.2.1). Außerdem ist ein möglichst geringer Zug auf das einzelne Bändchen beim Schneiden anzustreben, um einer Dehnung der besonders dünnen Bänder für den Amateur vorzubeugen.

Die auf der Beschichtungsmaschine hergestellten Magnetband-„Blöcke“ werden auf der Schneidemaschine durch ein System von rotierenden Messern gezogen, und die einzelnen Bändchen werden schließlich aufgewickelt. Sind die *Blöcke* sehr breit, kann eine vorherige Trennung in mehrere schmale Streifen notwendig sein. Außer dem Kreismessersystem kommen für das Schneiden von Magnetbändern schwingende Klingen vom Rasiermessertyp in Betracht [151]. Oftmals enthalten die Schneidemaschinen Vorrichtungen, die den beim Schneiden entstehenden und am Band haftenden Staub sofort beseitigen.

1.5.5. Konfektionieren

Die auf der Aufwickelseite der Schneidemaschine anfallenden Bänder werden anschließend auf die Verkaufsspulen gewickelt, sowie teilweise mit Kennbändern und Schaltfolien versehen. Für diesen Arbeitsvorgang sind spezielle Tische entwickelt worden [141]. Wie weit die Konfektionierung bei Audioband automatisiert ist, hängt von der Größe der zu verarbeitenden Bandmenge ab. Bei technischen Bändern ist eine völlige Automatisierung kaum möglich, da jedes Band einzeln geprüft werden muß. Bei Audioband wird dagegen nur stichprobenartig geprüft.

Damit die Magnetbänder nicht verstauben, werden sie sehr häufig mit einem Folienbeutel umhüllt. Bei einigen Herstellern ist dieser Beutel allseitig verschweißt und garantiert so neben der Staubfreiheit ein unbenutztes Band. Die äußere Verpackung bilden bei Audiobändern Schwenk- oder Klappkartons sowie Runddosen und bei Datenbändern luftdicht verschließbare Kunststoffbehälter. Daneben werden in steigendem Maße Dreifach- und Vierfachbänder in Kassetten verschiedener Systeme konfektioniert.

1.6. Hinweise für Lagerung und Alterung

Mit der Verbesserung der Magnetbänder sind auch die Probleme hinsichtlich Lagerung und Alterung geringer geworden. Zwar können auch Magnetbänder auf Zelluloseazetat über viele Jahre hinweg gebrauchsfähig erhalten werden, doch ist eine gewisse Versprödung durch den Weichmacheranteil nicht zu vermeiden. In dieser Hinsicht sind Magnetbänder auf weichmacherfreien PVC- und Polyesterfolien überlegen und beinahe unbegrenzt haltbar. Von den Magnetbandherstellern werden, besonders bei technischen Bändern, die Bedingungen angegeben, unter denen die Lagerung erfolgen soll.

Die wesentlichsten Forderungen sind: Schutz vor Staub, Temperatur nicht wesentlich von 20–25 °C abweichend, relative Feuchte um 50–60%. Die Extremwerte für die Lagerung können nicht generell angegeben werden, da sie außer vom Unterlagematerial auch vom verwendeten Bindemittel abhängig sind. Neben den Lagerbedingungen, die für die mechanischen Eigenschaften des Magnetbandes von Bedeutung sind, muß auch der Temperatureinfluß auf die aufgezeichneten Signale beachtet werden. Zwar sind in dieser Hinsicht durch die Verwendung kobaltfreier Eisenoxide Verbesserungen erzielt worden, aber es ist z. B. bekannt, daß der Kopiereffekt durch Lagerung bei höherer Temperatur verstärkt wird.

1.7. Literatur

[1] DRP 500900, angem. 31. 1. 1928.
[2] DRP 605152, angem. 20. 9. 1932.
[3] DDR-Standard TGL 15552.
[4] ARMES, G.: Computers and Automation, Nov. 1964, S. 20–25.
[5] MARTIN, LOUIS: JSMPTE **65** (1956) S. 282–283.
[6] KOLB, jr., F. J., LOVICK, R. C., PEER, J. R., und WEIGEL, E. M.: JSMPTE **70** (1961) S. 611–617.
[7] BIEDERMANN, F.: Photo-Technik und -Wirtschaft (1957) Nr. 4, S. II–IV.
[8] DBP 1015677, angem. 5. 4. 1956.
[9] DBP 1103132, angem. 28. 10. 1959.
[10] Bulletin du service exportatien Kodak-Pathé, Nr. 1, März 1963.
[11] Belg. P. 617522, angem. 11. 5. 1962.
[12] ABECK, W., und HÖRMANN, H.: Kinotechnik **18** (1964) H. 10, S. 225–257.
[13] SCHWARZ, K. H.: Kinotechnik **19** (1965) H. 9, S. 205–207.
[14] MÜLLER, H.: Kinotechnik **20** (1966) H. 3, S. 62.
[15] DIN 15582.
[16] DIN 15681.
[17] DIN 15881.
[18] EDWARDS, E. A., und CHANDLER, J. S.: JSMPTE **73** (1964) H. 7, S. 537–543.
[19] KRONES, F.: Kinotechnik **4** (1959) F 25.
[20] KRONES, F.: Mitt. der Agfa Leverkusen, Bd. III (1961), S. 221.
[21] Belg. P. 588510, angem. 10. 3. 1960.
[22] Electronics 1965, Beilage Electronics Markets 1965.
[23] Chem. Ztg. **90** (1966) H. 22, S. 781–782.
[24] USP 3080319, angem. 22. 10. 1959.

[25] KLUTH, H.: Chem. Ztg. **89** (1965) S. 212–217.
[26] HÖRMANN, H.: Funk-Technik (1961) S. 734–735.
[27] HÖRMANN, H.: Kinotechnik (1962) S. 147–148.
[28] BÜTTNER: Z. anorg. allg. Ch. **320** (1963) S. 205–219.
[29] KAUFMANN, A., und HABER, F.: Z. angew. phys. Chem. **7** (1909) S. 733ff.
[30] GÜNZLER, G., und SIMON, A.: J. prakt. Ch. (4) **19** (1963) S. 252–259.
[31] SIMON, A., HERRMANN, H.-J., und SCHRADER, R.: J. prakt. Ch. (4) **30** (1965) S. 173 bis 183.
[32] EP 799912, angem. 6. 7. 1956.
[33] EJSUROVIC, A. J.: Arbeiten des Wissenschaftl. Allunions-Forschungsinstituts für Schallaufzeichnung (VNIIZ) Moskau, 1960, S. 48–60.
[34] SCHMIDT, H.: Funk-Technik 1960, S. 70.
[35] DAS 1144248, angem. 10. 6. 61.
[36] EP 972260, angem. 25. 9. 1948.
[37] SCHRADER, R., und HERRMANN, H.-J.: J. prakt. Ch. (4) **30** (1965) S. 184–203.
[38] DRP 712457, angem. 23. 8. 1935.
[39] DBP 830946, angem. 30. 12. 1949.
[40] OSMOND, W. P.: Proc. Phys. Soc. B, **67** (1954) S. 875–882.
[41] ABECK, W.: Kinotechnik 1964, S. 215–218.
[42] USP 2694656, angem. 25. 7. 1947.
[43] CELCOVA, M. S., ELIASBERG, I. I., und EJSUROVIC, A. S.: Technika Kino i Telewidenija 1962, S. 12.
[44] ELIASBERG, I. I.: Arbeiten des Wissenschaftl. Allunions-Forschungsinstituts für Schallaufzeichnung 1959, Nr. 6, S. 89–104.
[45] KORSCHUKOW, N. G., und NASAROW, S. CH.: Trudy Nikfi **43** (1961) S. 71–79.
[46] DAS 1162340, angem. 24. 6. 1957.
[47] DAS 1204644, angem. 30. 3. 1962.
[48] KRAUSE, A., LAKOSCINKOWNA, H., und CICHOWSKI, J.: Z. anorg. allg. Ch. **208** (1932) S. 282.
[49] v. OOSTERHOUT, G. W.: The structure of goethite. Acta cryst. **13** (1960) S. 932.
[50] USP 2900236, angem. 3. 8. 1955.
[51] EP 797586, angem. 27. 2. 1954.
[52] SYKORA, V., und VAVRA, J.: Sammlung von Arbeiten des Forschungsinstituts für Ton-, Bild- und Reproduktionstechnik (VUZORT), Bd. 1, Prag 1965, S. 413–434.
[53] Belg. P. 612559, angem. 12. 1. 1962.
[54] DAS 1199747, angem. 29. 3. 1962.
[55] SMIT, J., und WIJN, H. P. J.: Ferrite, Philips techn. Bibl. 1962, S. 10.
[56] WINCKEL, F.: Technik der Magnetspeicher. Springer-Verlag 1960, S. 486.
[57] KNELLER, E.: Ferromagnetismus. Springer-Verlag 1962, S. 100.
[58] SMIT, S., und WIJN, H. P. J.: Ferrite, Philips techn. Bibl. 1962, S. 170.
[59] SMIT, J., und WIJN, H. P. J.: Ferrite, Philips techn. Bibl. 1962, S. 172.
[60] DAS 1116134, angem. 16. 4. 1960.
[61] EP 1195256, angem. 30. 11. 1957.
[62] Austr. P. 245775, angem. 21. 3. 1960.
[63] Ital. P. 503142, angem. 19. 6. 1953.
[64] DBP 1098225, angem. 14. 8. 1957.
[65] USP 2923685, angem. 21. 8. 1958.
[66] USP 3068176, angem. 31. 3. 1958.
[67] DAS 1116134, angem. 14. 4. 1960.
[68] Belg. P. 651612, angem. 10. 8. 1964.
[69] DAS 1152932, angem. 24. 3. 1959.
[70] FP 1154191, angem. 16. 6. 1956.
[71] USP 3074778, angem. 24. 9. 1959.

[72] USP 2956955, angem. 12. 2. 1960.
[73] Darnell und Cloud: Soc. Chim., 5° Serie 1965, S. 1164—1166.
[74] Swoboda: J. appl. Phys. **32** (1961) S. 374.
[75] Mee, C. D.: IEEE Trans. Comm. Electronics **83**, Nr. 73 (1964) S. 399—408.
[76] FP 1394231, angem. 19. 10. 1962.
[77] Belg. P. 632550, angem. 17. 5. 1963.
[78] EP 949977, angem. 20. 1. 1961.
[79] Oe. P. 230117, angem. 17. 5. 1961.
[80] DAS 1066034, angem. 19. 12. 1953.
[81] EP 1372107, angem. 20. 9. 1963.
[82] CSSR-P. 111360, angem. 20. 6. 1962.
[83] FP 1375061, angem. 27. 6. 1963.
[84] EP 1001024, angem. 14. 2. 1962.
[85] EP 977126, angem. 31. 7. 1962.
[86] EP 904937, angem. 22. 3. 1961.
[87] USP 3119753, angem. 5. 10. 1960.
[88] Oe. P. 241846, angem. 18. 1. 1963.
[89] EP 916900, angem. 20. 11. 1961.
[90] EP 1358035, angem. 24. 5. 1963.
[91] Luborsky, F. E., Paine, T. O., und Mendelsohn, L. J.: Powder Metallurgical Bulletin **4** (1959) S. 57—78.
[92] Schuele, W. J.: Journ. of Phys. Chem. **63** (1959) S. 83—86.
[93] Nagaietal, K.: Proc. Joint Meeting Electrical Institute 1959 Nr. 734, S. 1—2.
[94] DBP 814225, angem. 30. 11. 1948.
[95] DBP 835067, angem. 11. 7. 1943.
[96] DAS 1104722, angem. 18. 12. 1958.
[97] DAS 1130194, angem. 16. 11. 1960.
[98] DBP 1101002, angem. 16. 8. 1957.
[99] DBP 1092224, angem. 15. 6. 1956.
[100] EP 1270789, angem. 25. 8. 1960.
[101] FP 1315773, angem. 14. 11. 1961.
[102] FP 1347399, angem. 22. 1. 1963.
[103] Belg. P. 608342, angem. 20. 9. 1961.
[104] Belg. P. 617037, angem. 30. 4. 1962.
[105] Belg. P. 644292, angem. 25. 2. 1964.
[106] FP 1317481, angem. 22. 2. 1962.
[107] USP 3148082, angem. 26. 6. 1961.
[108] SUP 133146, angem. 1. 2. 1960.
[109] Ung. P. 144106, angem. 14. 8. 1956.
[110] Jap. P. 13438, angem. 5. 1. 1959.
[111] DBP 1097704, angem. 18. 12. 1957.
[112] DAS 1147399, angem. 10. 1. 1962.
[113] DAS 1096053, angem. 17. 10. 1958.
[114] FP 1327956, angem. 24. 4. 1962.
[115] DAS 1116119, angem. 20. 10. 1961.
[116] Belg. P. 617295, angem. 7. 5. 1962.
[117] FP 1347398, angem. 22. 1. 1963.
[118] FP 1398375, angem. 10. 6. 1964.
[119] DDR-P. 32856, angem. 23. 8. 1961.
[120] EP 700514, angem. 17. 2. 1951.
[121] EP 843850, angem. 29. 11. 1957.
[122] DBP 1101000, angem. 4. 11. 1955.
[123] DBP 1083561, angem. 23. 5. 1958.

[124] DBP 1122725, angem. 14. 11. 1959.
[125] Dintenfass, L.: Kolloid-Zeitschr. **170** (1960) S. 1–19.
[126] DAS 1202923, angem. 13. 4. 1962.
[127] Celcova, M. S.: Arbeiten des Allunionsinstituts für Schallaufzeichnung Moskau, 1959, Nr. 6, S. 73–87.
[128] Some plain talk from Kodak about sound recording tape, Firmenschrift, 1962.
[129] van Oosterhout, G. W., und Klamp, G. J.: Appl. sci. Res. B, **9**, S. 288–296.
[130] EP 927443, angem. 2. 8. 1958.
[131] FP 1370920, angem. 23. 8. 1963.
[132] Belg. P. 640164, angem. 20. 11. 1963.
[133] FP 1250698, angem. 11. 12. 1959.
[134] Belg. P. 586028, angem. 24. 12. 1959.
[135] DBP 1088729, angem. 30. 8. 1958.
[136] DAS 1190985, angem. 3. 2. 1962.
[137] USP 3026215, angem. 9. 3. 1960.
[138] USP 3052567, angem. 23. 9. 1959.
[139] DAS 1118483, angem. 23. 6. 1960.
[140] EP 987103, angem. 27. 7. 1961.
[141] – Tonband **2** (1965) S. 18–23.
[142] DBP 1097703, angem. 19. 9. 1957.
[143] DBP 965605, angem. 13. 6. 1954.
[144] DBP 1090875, angem. 5. 5. 1959.
[145] DBP 1092223, angem. 10. 10. 1958.
[146] DAS 1135676, angem. 12. 11. 1959.
[147] FP 1337806, angem. 10. 7. 1962.
[148] – Kautschuk, Gummi und Kunststoffe **18** (1965) S. 411–417.
[149] DAS 1109390, angem. 9. 9. 1960.
[150] Sango, M.: Die Wirkung des Polierens von Magnetbändern (Zeitschrift nicht zu identifizieren).
[151] Hutchings, H. J.: British Kinematography 1/66, S. 23–27.
[152] USP 2628929, angem. 15. 7. 1949.

2. Grundlagen der Transportwerke

Von Horst Völz

Für jede Speicherung ist die Bewegung grundlegend (vgl. Band 1, Hauptabschnitt 1.1). Besonders offensichtlich ist dies beim motorischen Speicher. Bei ihm beruht die Bewegung auf rein mechanischen Prinzipien. Alle Einheiten und Baugruppen, die hierzu beitragen, werden gemäß TGL 200-7001 [1] unter dem Begriff des Transportwerkes zusammengefaßt. In den meisten Anwendungen hat es die Aufgabe, das Magnetband definiert an den feststehenden Magnetköpfen vorbeizubewegen. Es gibt aber auch Fälle, bei denen sich die Magnetköpfe allein oder zusätzlich bewegen.

Die genaue Ausführung eines Transportwerkes hängt stark von seinem speziellen Einsatz ab. In den meisten Fällen wird hier auf das klassische Transportwerk Bezug genommen. Es existiert in dieser Form heute noch überwiegend in der Schallaufzeichnung und Meßwertspeicherung. Sonderentwicklungen werden hier nur kurz genannt. Ihre genaue Behandlung erfolgt jedoch in den Bänden 3 und 4 dieser Reihe.

Das Transportwerk wurde mit seinen Problemen in der Literatur bisher nur recht wenig behandelt. Dies zeigen ohne weiteres die einschlägigen Fachbücher, und auch die Zeitschriftenartikel sind im allgemeinen nicht sehr überzeugend. Dies gilt unabhängig von der relativ großen Zitatezahl des Literaturverzeichnisses. Aus diesen Gründen hat dieses Kapitel größere Schwierigkeiten bereitet, und der Herausgeber bittet um Nachsicht, wenn die gewählte Darstellung noch nicht vollkommen ist. Er hofft aber, erstmalig einen einigermaßen umfassenden Überblick zu den Grundlagen des Transportwerkes gegeben zu haben.

2.1. Aufgaben des Transportwerkes

Aus Abb. 1 sind die wesentlichen Merkmale des „klassischen" Transportwerkes zu entnehmen. Vom linken Bandwickel wird das Band abgewickelt. Über die linke Führungsrolle und den Magnetkopf gelangt es zu dem Antriebssystem, das meist aus Antriebswelle und Andruckrolle aufgebaut ist.

Die Antriebswelle besteht vielfach aus hartem, unmagnetischen Stahl und rotiert mit konstanter Umfangsgeschwindigkeit. Von ihrer Präzision hängen wesentlich die Eigenschaften des Transportwerkes ab. An sie wird das Magnetband mit der fast immer gummiüberzogenen Andruckrolle gepreßt. Infolge der dadurch verstärkten Haftreibung bestimmt die Antriebswelle wesentlich die Geschwindigkeit des Magnetbandes. Es sei erwähnt, daß gegenüber der Abb. 1 in Sonderfällen auch die Antriebswelle den größeren Durchmesser besitzen kann. Ebenso ist es möglich, daß die Andruckrolle hart und die Antriebswelle gummiüberzogen ausgeführt werden kann.

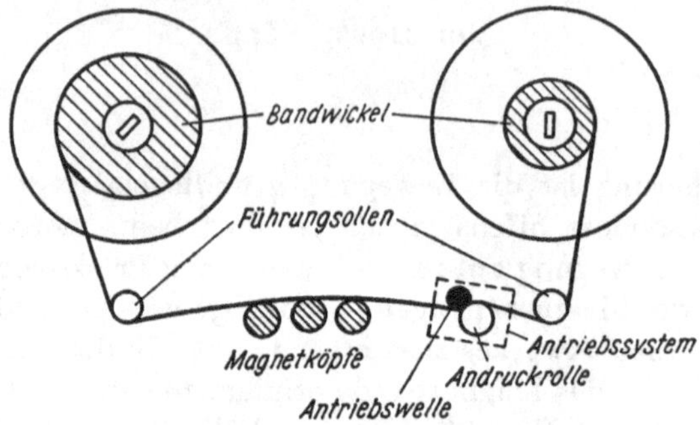

Abb. 1. Bandlauf beim klassischen Transportwerk

Für eine einwandfreie Funktion muß vom linken Bandwickel ein Zug ausgehen, gegen den das Antriebssystem zu arbeiten hat. Erst dadurch werden in der Umgebung der Magnetköpfe definierte Bewegungsverhältnisse geschaffen. Vom Antriebssystem gelangt das Magnetband über die rechte Führungsrolle auf den rechten Bandwickel. Auf diesem Wege müssen solche Kräfteverhältnisse existieren, daß vor allem ein guter Bandwickel entsteht.

Neben der geschilderten Betriebsfunktion muß ein Transportwerk noch andere gestatten. So ist es vielfach erwünscht, das Magnetband schnell umzuspulen (bzw. vor- oder rückwärts zu wickeln). Hierbei soll möglichst das Magnetband zur Schonung von den Magnetköpfen abgehoben und das Antriebssystem außer Betrieb gesetzt werden. Aus allen Betriebsarten muß das Magnetband schnell gestoppt werden. Ebenso häufig ist ein möglichst schnelles Erreichen der Betriebszustände gewünscht. In der Ruhestellung muß das Band so gesichert werden, daß es sich zumindest nicht abwickeln kann.

2.2. Bewegung des Aufzeichnungsträgers

Die meisten Transportwerke bewegen auch heute noch das Magnetband mit konstanter Geschwindigkeit. Aus der ursprünglichen, zufälligen Geschwindigkeit von 72 cm/s kam nach 1945 aus den angelsächsischen Ländern die Geschwindigkeit 76,2 cm/s (30 inch/s oder ips) zu uns, und hierauf wurde dann die internationale Normung bezogen [2]. Aus ihr leiten sich jetzt die meisten Geschwindigkeiten mittels des Faktors 2^n ab. Heute sind 152,4; 76,2; 38,1; 19,05; 9,53; 4,76 und 2,38 cm/s üblich. Es gibt auch noch eine Geschwindigkeitsreihe mit dem Verhältnis 1:2:5:10 usw. [3] (vgl. auch Band 4). In Sonderfällen wird von diesen Reihen abgewichen, wobei dann Geschwindigkeiten von etwa 5 m/s bis zu einigen mm/s auftreten. Für den linearen Antrieb dürfte die mögliche Grenze bei ca. 10 m/s liegen. Hier treten nämlich beim Aufwickeln des Bandes Instabilitäten auf. Die langsamste Geschwindigkeit ist eine Frage der Getriebe und daher schwieriger zu beantworten.

Zuweilen wird von der konstanten Geschwindigkeit abgewichen. Hierfür können verschiedene Gründe vorliegen. Bei einigen Anwendungen wird eine unterschiedliche, mit dem Wickelradius stetig veränderbare Geschwindigkeit zugelassen. Hierdurch ergeben sich konstruktive Vorteile. Ein anderer Fall liegt bei der Speicherung diskreter Werte vor. Dabei genügt es nämlich, die Aufzeichnung eines einzelnen Wertes bei ruhendem oder sich einmalig bewegenden Magnetband vorzunehmen. Das Magnetband wird also für jeden Einzelwert um eine definierte Strecke bewegt. Derartige Geräte heißen im Englischen *incremental-recorders*. Von der Bewegung her stellen diese Geräte nur eine folgerichtige Weiterentwicklung bezüglich der üblichen Digitalspeicher dar: Sie bewegen das Magnetband mit recht hoher und leidlich konstanter Geschwindigkeit. Die beiden Zustände Ruhe und Bewegung lassen sich aber in extrem kurzer Zeit (ms) einschalten (vgl. Band 4).

Für die Aufzeichnung und Wiedergabe ist genau genommen nicht die Transportgeschwindigkeit, sondern die relative Geschwindigkeit zwischen dem Magnetkopf und dem Aufzeichnungsträger, die Arbeitsgeschwindigkeit, entscheidend. Nur wenn die Magnetköpfe ruhen, sind beide gleich. Ruht bei den Anwendungen mit bewegtem Magnetkopf das Band, so ist die Arbeitsgeschwindigkeit allein durch die Geschwindigkeit des Arbeitsspaltes bestimmt. Bewegen sich Band und Kopf, wie z. B. bei den meisten Videobandgeräten, so ist der Zusammenhang komplizierter. Hierbei besteht aber gleichzeitig die Möglichkeit, die zuvor genannten 10 m/s zu überschreiten (vgl. Band 3).

In Abb. 2 ist eine Systematik der genannten Möglichkeiten dargestellt. In ihr sind auch jene Aufzeichnungsträger eingetragen, die nicht betont eindimensional sind. Sie rotieren meist und besitzen so eine konstante Geschwindigkeit gegenüber den feststehenden Magnetköpfen. Hierunter fallen auch Anord-

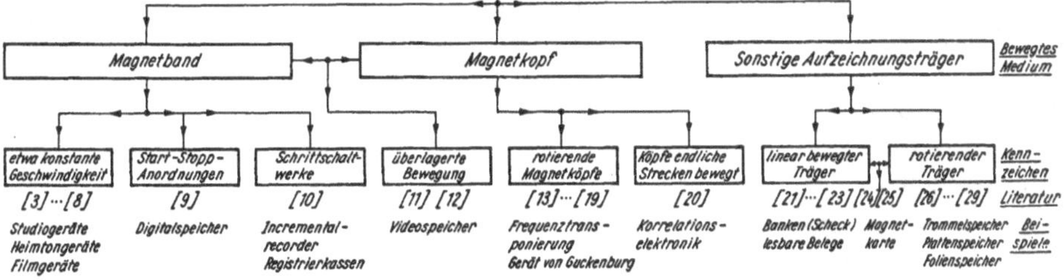

Abb. 2. Übersicht zu den verschiedenen Bewegungsmöglichkeiten bei der motoro-magnetischen Speicherung

nungen, die wie Magnetkarten zur Aufzeichnung und Wiedergabe auf einer rotierenden Trommel befestigt werden (vgl. Band 4). Nur ganz wenige Aufzeichnungsträger, z. B. besondere Belege wie Schecks, werden bei ihrer relativ kleinen Länge an den Magnetköpfen linear vorbeibewegt.

Aus Abb. 2 geht hervor, daß die Bewegung lediglich linear oder rotierend sein kann. Sofern die lineare Bewegung über längere Strecken erfolgen muß und einigermaßen konstant sein soll, ist sie praktisch nur aus einer rotierenden Bewegung ableitbar. Eine Ausnahme bilden die Schrittschaltwerke, wie sie beim Film vorkommen. In diesem Sinne ergibt sich die Verknüpfung von Abb. 3,

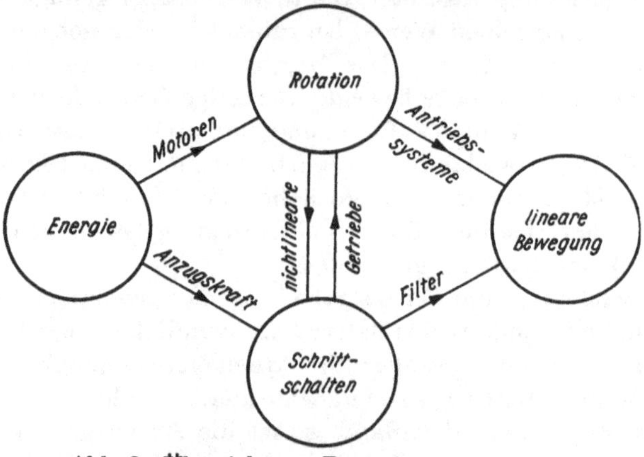

Abb. 3. Übersicht zur Bewegungserzeugung

wonach die lineare Bewegung stets mittelbar erzeugt wird. Der Übergang Energie → Rotation wird im Abschnitt Motoren und der Übergang Rotation → lineare Bewegung bei den Antriebsprinzipien behandelt. Die anderen Übergänge konnten für die Magnetspeichertechnik nur bei den Filmtransportwerken und speziellen Digitalspeichern Bedeutung erlangen.

2.2.1. Antriebsprinzipien

Es sei eine Welle vorausgesetzt, die mit sehr konstanter Geschwindigkeit und ohne Unrundheiten rotiere. Von ihr soll die geforderte Linearbewegung abgeleitet werden. Neben der am meisten benutzten Friktion, d. h. Reibungskupplung zum Magnetband, bestehen dann noch zwei zuweilen angewendete Möglichkeiten:

Einige Aufzeichnungsträger, u. a. Magnetfilm, sind perforiert. Hierbei ist der Antrieb durch eine Zahnwelle äußerst günstig und vor allem gegenüber den anderen Verfahren schlupffrei. Auf diesem Weg wird bei dem Film die notwendige Bild-Ton-Synchronisation erreicht.

Zuweilen wird auch die Aufwickelvorrichtung direkt mit der gleichförmigen rotierenden Welle verbunden. Dann ist die auftretende Bandgeschwindigkeit dem momentanen Wickelradius R_m proportional (Abb. 4). Rotiert der Wickelteller bzw. die Spule mit n Umdrehungen pro Sekunde, so beträgt die Geschwindigkeit

$$v = 2\, n\, \pi\, R_m\,. \tag{1}$$

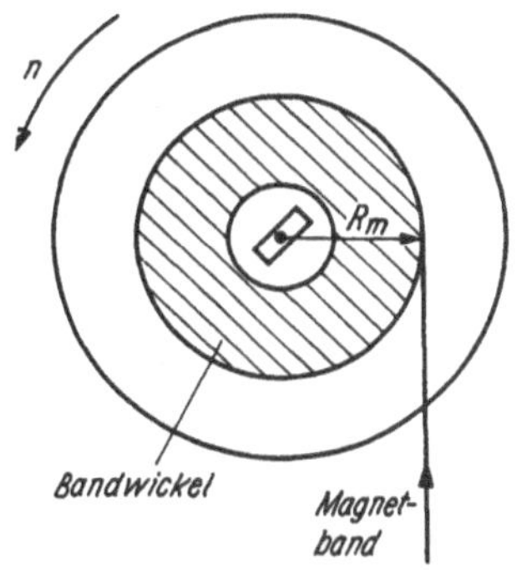

Abb. 4. Zum Zusammenhang von Drehzahl, Geschwindigt keit und Radius beim Magnetbandwickel

Ihre Konstanz wird dabei durch zwei Einflüsse gestört:

Mit der Bandmenge ändert sich der Wickelradius stetig, so daß zu jedem Punkt auf dem Aufzeichnungsträger ein anderes v gehört. Zu Beginn ist es klein, um dann mit der Zeit zu wachsen. Dieser Störeinfluß ist nur zu reduzieren, wenn das Verhältnis von Anfangs- und Endradius nahezu gegen Eins strebt. Dann bleibt aber ein relativ großes Volumen bei der Lagerung von Magnetbändern ungenutzt. Am wenigsten dürfte dies noch bei der Anwendung mit fest eingebautem Magnetband stören [7]. Außerdem wird dieser Weg bei fast allen Geräten mit Magnetdraht als Aufzeichnungsträger benutzt.

Eine zweite Störung ergibt sich durch die schwankende Dicke des Magnetbandes. Sie bewirkt unrunde Bandwickel und somit eine unregelmäßig bis periodisch schwankende Geschwindigkeit, die sich als Gleichlauffehler bemerkbar macht.

In Abb. 5 ist neben der genannten Haupteinteilung auch die weitere Einteilung der Friktionsantriebe enthalten. Auf das am meisten benutzte System mit Andruckrolle, sowie auf das System mit großer Umschlingung wird noch genauer einzugehen sein.

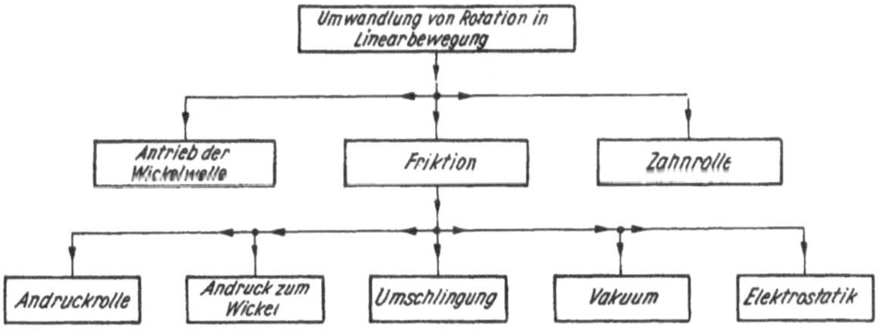

Abb. 5. Übersicht zur Umwandlung einer Rotation in Linearbewegung

Ein besonders elegantes Prinzip, das zuweilen bei Kassettengeräten verwendet wird, treibt den Bandwickel direkt an seinen Außenrand [5] (Abb. 6). Hierbei besteht allerdings die Gefahr, daß der Bandwickel nicht stabil bleibt.

Bei dem Vakuumantrieb wird eine Hohlwelle benutzt, die kleine Öffnungen (Schlitze bzw. Löcher) zum Ansaugen des Magnetbandes enthält. Damit das

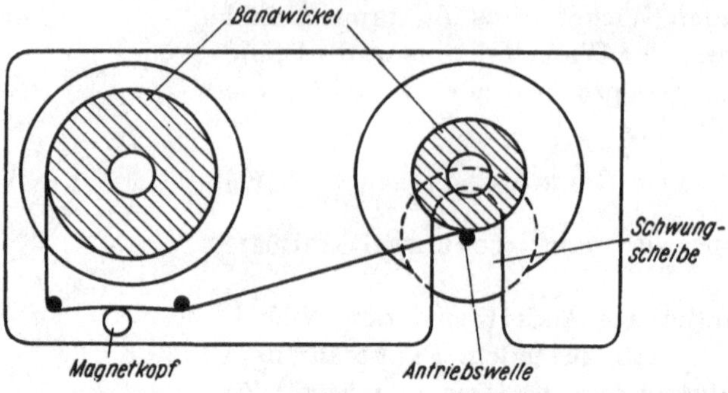

Abb. 6. Kassettenantrieb am Rand eines Bandwickels nach dem Prinzip des alten Reportergerätes R 26 [5]

Vakuum nur innerhalb des Umschlingungswinkels wirksam wird, deckt eine in der Hohlwelle befindliche Blende den übrigen Teil ab (Abb. 7) [30], [31]. Der größte Vorteil dieses Antriebes dürfte darin liegen, daß der Aufzeichnungsträger nur von einer Seite berührt wird. Es wurde auch eine Anordnung beschrieben, die mit Überdruck arbeitet [9]. Eine bisher noch nicht erprobte

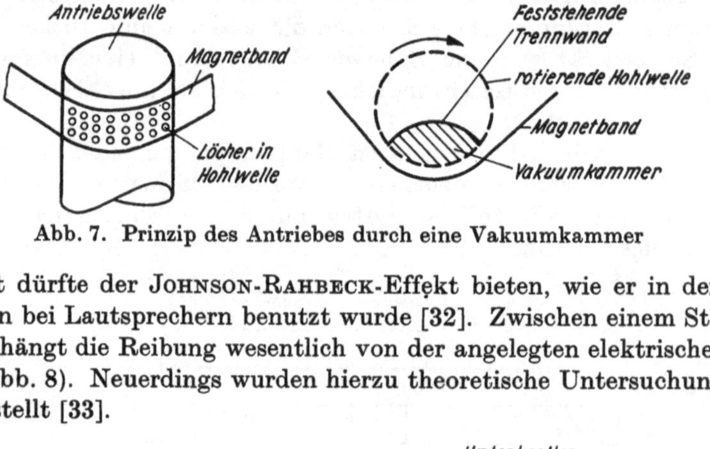

Abb. 7. Prinzip des Antriebes durch eine Vakuumkammer

Möglichkeit dürfte der Johnson-Rahbeck-Effekt bieten, wie er in den zwanziger Jahren bei Lautsprechern benutzt wurde [32]. Zwischen einem Stahlband und Achat hängt die Reibung wesentlich von der angelegten elektrischen Spannung ab (Abb. 8). Neuerdings wurden hierzu theoretische Untersuchungen von Jura angestellt [33].

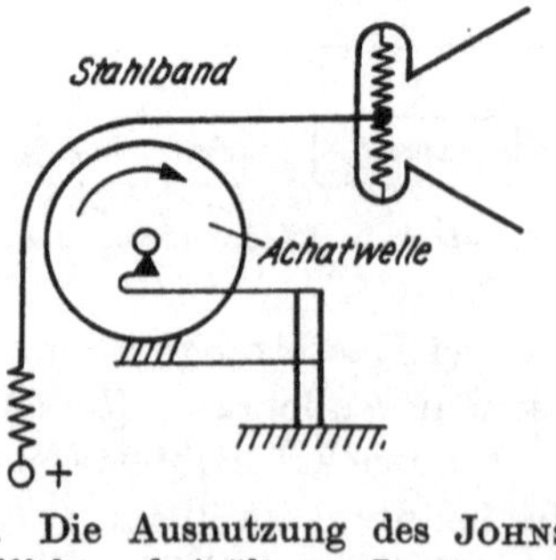

Abb. 8. Die Ausnutzung des Johnson-Rahbeck-Effektes bei älteren Lautsprechern [32]

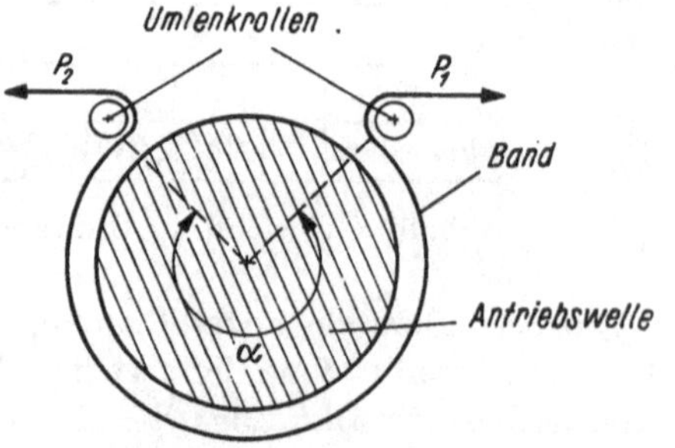

Abb. 9. Zum Antrieb durch Umschlingung

2.2.2. Antrieb durch Umschlingung

Das Prinzip des Antriebes durch Umschlingung zeigt Abb. 9 [5], [34]. Das Magnetband stehe unter den Zügen P_1 und P_2 mit $P_2 \geqq P_1$. Es umfasse die rotierende Welle mit dem Winkel α. Ist μ die Reibungszahl zwischen dem Magnetband und dem Material der rotierenden Welle, so erfolgt gute Mitnahme, falls

$$P_2/P_1 \leqq e^{\mu\alpha} \tag{2}$$

gilt [35]. Diese Gleichung ergibt sich, weil an jedem Ort auf der Rolle eine Druckaufteilung und -fortpflanzung erfolgt. Der Mitnahmebereich berechnet sich aus Gl. (2) zu

$$P_2 \cdot e^{-\mu\alpha} \leqq P_1 \leqq P_2 e^{\mu\alpha} . \tag{3}$$

Wird jetzt P_2 konstant und gleich einem Mittelwert P_m angenommen, so gilt

$$P_1 = P_m \pm \Delta P , \tag{4}$$

und es folgt eine Minimalbeziehung für den Umschlingungswinkel

$$\alpha \geqq \frac{1}{\mu} \ln\left(\frac{\Delta P}{P_m} + 1\right). \tag{5}$$

Dies bedeutet, daß mit wachsender Belastung des Systems durch ΔP auch der Umschlingungswinkel α ansteigen muß. Damit nicht allzugroße Werte notwendig sind, sollte der Reibungskoeffizient möglichst groß gewählt werden. Deshalb wird bei derartigen Anordnungen immer Gummi oder zumindest Kork für die Antriebswelle verwendet. Hier wirkt sich nachteilig aus, daß Gummi deformierbar ist. So sind automatisch große Radien mit einer relativ dünnen Gummibelegung erforderlich. Gemäß Gl. (2) ist aber die Wirkung dieses Antriebes unabhängig vom Radius. Ein großer Durchmesser der Antriebswelle ist auch notwendig, um ein großes α zu erreichen. Werte wesentlich über 180° sind nämlich nur dann realisierbar, wenn die zusätzlichen Umlenkrollen in Abb. 9 kleiner sind. Infolge des großen Radius der Antriebswelle ergibt sich eine recht geringe Drehzahl der Welle, die nur relativ aufwendig gleichförmig zu halten ist. Ein weiterer Nachteil dieser Anordnung ist das schwierige Rangieren des Magnetbandes. Die genannten Probleme haben dazu beigetragen, daß heute dieses Prinzip nur noch selten Anwendung findet. Ähnlich wie beim Vakuumantrieb sind aber Anordnungen denkbar, die das Magnetband nur an einer Seite berühren.

2.2.3. Antrieb mit Andruckrolle

Das Prinzip des Antriebs mit Andruckrolle zeigt Abb. 10. Gegen die rotierende Welle wird dabei das Magnetband mit der häufig größeren und meist mit Gummi belegten Rolle gedrückt. Diese Andruckkraft betrage P_a. Sie muß so stark sein, daß mittels des Reibungskoeffizienten μ der Differenzbandzug

$$P_{\text{tr}} = P_2 - P_1 \tag{6}$$

schlupffrei zu verarbeiten ist, also daß

$$|P_{tr}| < \mu\, P_a \tag{7}$$

gilt. Wird dieser Bereich überschritten, so kommt es zu einem Gleitschlupf. Dabei schwankt die Geschwindigkeit statistisch, und es stellt sich eine mittlere konstante Geschwindigkeit ein, wenn P_{tr} von der Geschwindigkeit selbst nicht stark abhängt. Für das Gleichgewicht muß mit dem Gleitreibungskoeffizienten μ_g gelten

$$|P_{tr}| = \mu_g\, P_a\,. \tag{8}$$

Da immer $\mu \geqq \mu_g$ ist, kann gemäß Abb. 11 zwischen einem Fang- und Mitnahmebereich unterschieden werden.

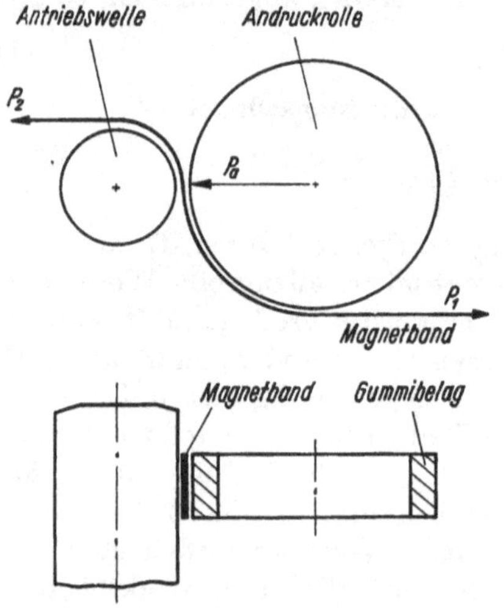

Abb. 10. Antrieb durch eine gummibelegte Andruckrolle (unten Schnitt in der Verbindungslinie)

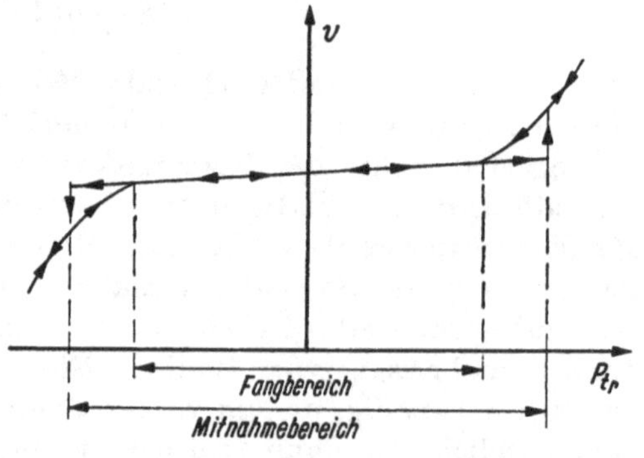

Abb. 11. Zum Verhalten eines Antriebssystems bei verschiedenen Bandzugsdifferenzen P_{tr}

Sowohl im Fang- wie im Mitnahmebereich ist v ein wenig von P_{tr} abhängig. Dies ist in Abb. 11 durch die Neigung der Geraden angedeutet. Mit einer Konstanten b, die vom Antriebssystem abhängt, gilt

$$v = v_m\,[1 + b\,(P_2 - P_1)]\,. \tag{9}$$

Dieses Verhalten entsteht im wesentlichen durch die Dehnung des Bandes. Deshalb wird auch von Dehnschlupf im Antriebssystem gesprochen. Eine gemessene Kurve zeigt Abb. 12 [36].

Höhe der Andruckrolle

Nur in einigen wenigen Ausführungen, z. B. bei dem Telefunken-Studio-Bandgerät „M 5" ist die Andruckrolle genauso breit wie das Magnetband. In

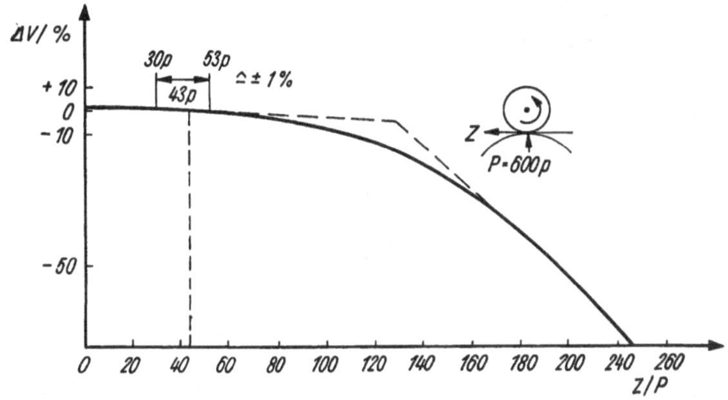

Abb. 12. Gemessene Kurve der Bandgeschwindigkeit in Abhängigkeit vom Bandzug [36]

den meisten Fällen ist sie breiter (Abb. 13). Hierdurch entstehen relativ unübersichtliche Verhältnisse. Zu ihrer Betrachtung sei von der Dicke des Magnetbandes abgesehen.

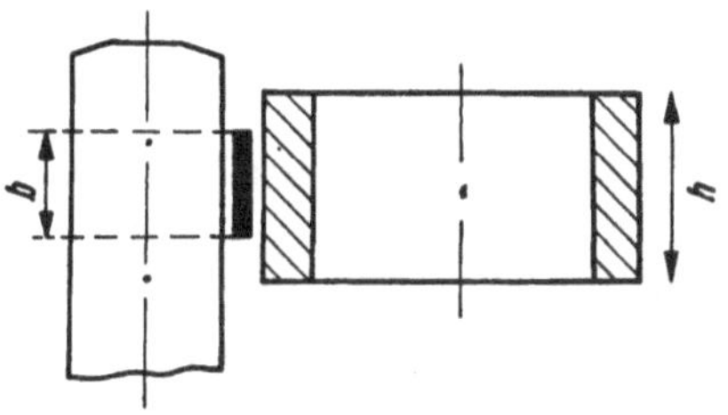

Abb. 13. Verhältnisse bei einer breiten Andruckrolle

Für den Antrieb des Bandes existieren dann zwei Möglichkeiten:

1. durch direkte Haftreibung zur Antriebswelle,
2. durch Haftreibung zur Andruckrolle, die über die Bereiche außerhalb des Bandes angetrieben wird.

Die beiden Fälle sind unterscheidbar, wenn das Magnetband gewaltsam festgehalten wird: Rotiert dann die Andruckrolle weiter, so liegt der erste Fall vor. Bei ihm ist die Kopplung zwischen Andruckrolle und Antriebswelle fester als zwischen Band und Andruckrolle.

Der Übergang zwischen beiden Bereichen läßt sich berechnen [34]. Dabei werden Doppelindizes verwendet, wobei a Andruckrolle und w Antriebwelle bedeuten. Zunächst teilt sich die gesamte Druckkraft p_a in die zwei Anteile

$$P_{ab} = \frac{b}{h} P_a \quad \text{und} \quad P_{aw} = \frac{h-b}{h} P_a \,. \tag{10}$$

Mit den Reibungskoeffizienten zwischen Band und Welle μ_{bw}, zwischen Band und Rolle μ_{br} und zwischen Rolle und Welle μ_{rw} gilt im ersten Fall

$$P_{ab} \cdot \mu_{br} < P_{aw} \mu_{rw} \tag{11a}$$

oder mit Gl. (10)

$$b_{br} \mu < (h - b) \mu_{rw} . \tag{11b}$$

Dieser Fall ist immer zu erreichen, wenn die Höhe der Andruckrolle vergrößert wird. Die Kopplung Welle–Rolle kann dann als extrem fest betrachtet werden. Das Magnetband wird also von der Welle und der Rolle bewegt. Für den Mitnahmebereich gilt daher

$$|P_{tr}| < P_a \frac{b}{h} (\mu_{br} = \mu_{bw}) . \tag{12}$$

Er nimmt also mit wachsender Höhe der Rolle ab und wird daher sein Maximum an der Grenze von Gl. (11a) erreichen.

Im zweiten Fall ist die Kopplung vom Band zur Andruckrolle sehr fest, und das Magnetband wird direkt über die Kopplung zur Welle und indirekt über die Kopplung von der Welle zur Rolle angetrieben. Aus der Grenzbeziehung

$$b \mu_{br} > (h - b) \mu_{rw} \tag{13}$$

folgt daher

$$|P_{tr}| < P_a \left[\mu_{rw} - \frac{b}{h} (\mu_{rw} - \mu_{bw}) \right] . \tag{14}$$

Da in allen praktischen Fällen $\mu_{rw} > \mu_{bw}$ ist (vgl. Tabelle 1), nimmt der transportierbare Bandzug mit wachsender Höhe der Rolle ab. Auch hier liegt also das Maximum in der Nähe der Grenze von Gl. (13) bzw. (11).

Tabelle 1

Mittelwerte von Reibungskoeffizienten [34], [37]

	Stahl	Aluminium	Messing	Glas Keramik	Gummi	Magnetband
Gummi	0,37–0,55 [37] 0,7 –0,8 [34]	0,7–0,9				0,5–1,3
Magnetband	0,13–0,19	~0,23	0,2–0,25	0,24–0,4	0,5–1,3	

Diese Ergebnisse lassen sich in einem Diagramm mit den Verhältnissen b/h und P_{tr}/P_a veranschaulichen. Unabhängig von den Grenzbedingungen ergeben Gl. (12) und (14) die beiden Geraden in Abb. 14a.

In [34] wurden auch numerische Werte bestimmt. Aus den danach möglichen Werten ergibt sich Abb. 14b. Der optimale Betriebsbereich für eine Rolle liegt dabei bei b/h-Werten von 0,4 bis 0,6 mit einem Verhältnis P_{tr}/P_a zwischen 40 und 60%. In der umfangreichen experimentellen Arbeit [37] wurde das gleiche b/h-Verhältnis, jedoch nur ein Wirkungsgrad des Andruckes um 30% gefunden.

In [34] wird noch jener Anfangsdruck in die Berechnung einbezogen, der notwendig ist, um die Andruckrolle um Banddicke zu deformieren.

Störungen durch die Andruckrolle

Da das Andruckrollensystem heute am gebräuchlichsten ist, sind auch seine Fehler einigermaßen bekannt. Ein wichtiger Fehler ist aus Abb. 15 erkennbar

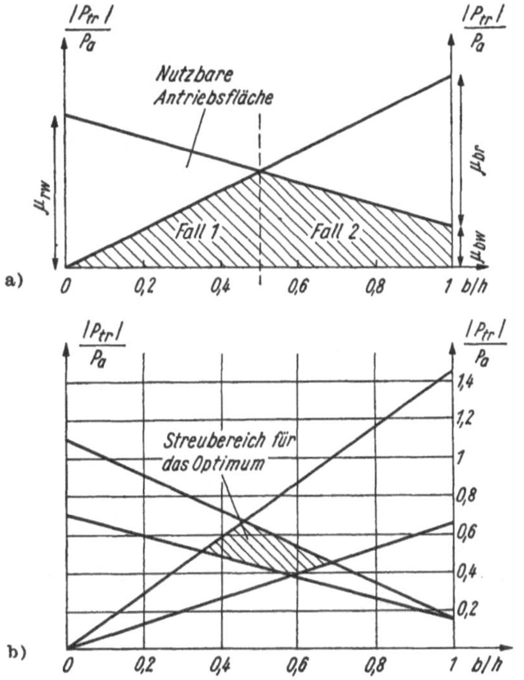

Abb. 14. Zur Bestimmung der optimalen Antriebsbedingungen bei einer breiten Andruckrolle a) und die sich daraus ergebenden Grenzflächen b) [34]

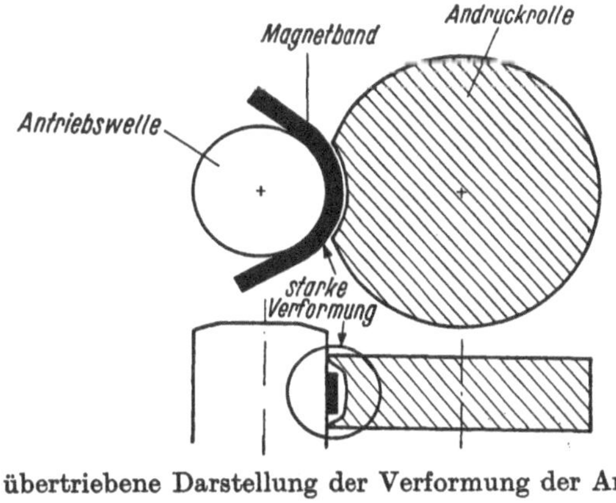

Abb. 15. Stark übertriebene Darstellung der Verformung der Andruckrolle nach [5]

und gilt vor allem für die hohe Rolle [5]. Das Magnetband wird durch die Antriebswelle in die Gummiandruckrolle eingedrückt und wird daher von ihr bei verschiedenen Radien mit etwa gleicher Geschwindigkeit angetrieben. Dies bewirkt Spannungen, die das Magnetband zusätzlich in Längsrichtung beanspruchen und die Haftreibung unsicherer machen. Außerdem wird eine beträchtliche Energie für das Walken der Andruckrolle notwendig.

Um die verschiedenen Störeinflüsse der Andruckrolle wesentlich zu verringern, wird das Band stets so geführt, daß es zunächst um die Welle läuft und dann zur Aufwicklung von der Andruckrolle abläuft (Abb. 10). In diesem Fall können sich auch Rundlauftoleranzen der Andruckrolle (Verformung des Gummibelages) kaum auf die Geschwindigkeit des Bandes vor dem Antriebssystem auswirken.

In diesem Zusammenhang sei auch erwähnt, daß bei der Wahl der Gummiart stets ein Kompromiß zwischen Eindrucktiefe, Walkarbeit und Reibungskoeffizient zu suchen ist.

Lagerung der Andruckrolle

Bei einem guten Antriebssystem sind die Achsen der Antriebswelle und Andruckrolle exakt parallel. Leider ist dieser Wunsch nur schwer erfüllbar, denn der notwendige Andruck (meist etwa 1 kp) erfordert enge Toleranzen der Passungen und wirkt auf alle Lager- und Hebelteile verformend. Sie müssen äußerst formstabil ausgeführt werden. Die Mittelpunkte der beiden rotierenden Teile und des Hebellagers für die Andruckrolle sind vorteilhaft so zu wählen, daß eine Druckdejustage weitgehend vermieden wird. Günstig ist es, wenn alle drei Druckschwerpunkte in der Ebene liegen, die senkrecht auf der Rotationsachse der Welle steht. Dies wird jedoch häufig nicht zu realisieren sein, weil sich

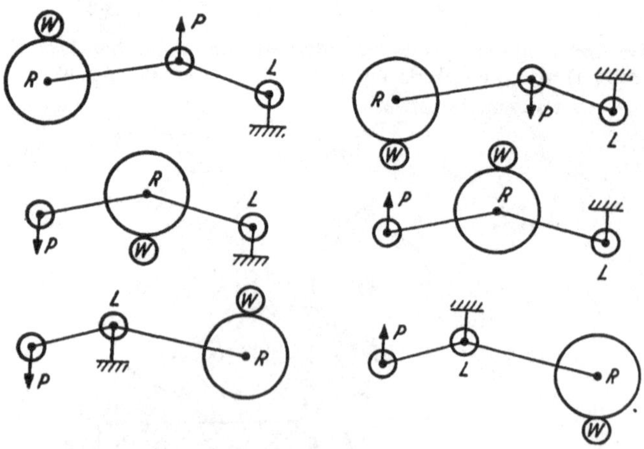

Abb. 16. Verschiedene Lagerungen einer Andruckrolle *R* bezüglich der Antriebswelle *W* des Kraftpunktes *P* und des Lagerpunktes *L*. Die linke Seite zeigt eine stabile und die rechte Seite eine instabile Lage der Hauptpunkte

meist die Steuermechanismen unterhalb und die Andruckrolle oberhalb der Aufbauplatine befinden müssen. Weiter sollten die Punkte in der genannten Ebene so verteilt sein, daß sich von selbst eine Stabilisierung einstellt (Abb. 16). Wenn beide Forderungen erfüllbar sind, ergeben auch relativ „leichte" Konstruktionen eine stabile Lage der Andruckrolle.

Wirkung der Verkantung

Die Achse der Andruckrolle kann gegenüber der Achse der Antriebswelle in zwei Richtungen verstellt sein; winklig und windschief.

Zunächst bewirkt jede Verkantung eine achsiale Lagerbelastung mit zusätzlichen Lagerstörungen.

Bei der winkligen Verkantung bilden beide Achsen eine Ebene (Abb. 17). Hierdurch wird die Gummibelegung an einem Ende (im Bild unten) stärker zusammengepreßt. Dadurch nimmt der relative Druck nach dieser Seite zu. An dieser Seite wird also das Magnetband über eine längere Strecke von der Andruckrolle geführt. Sie ist hier im Zentrum stärker deformiert und muß sich mehr entspannen, wobei das Band während des Verlassens des Antriebssystems stärker gedehnt wird. Diese und ähnliche Einflüsse beim Eintreten in das Antriebssystem bewirken, daß der Aufzeichnungsträger nach dieser Seite (in Abb. 17 unten) auswandert. Dies geht meist nur soweit, wie die Andruckrolle reicht. Deshalb sind die schmalen Rollen für diesen „Treibriemeneffekt" nicht ganz so anfällig. In jedem Fall wird aber auf das Magnetband die Querkraft

$$P_s \sim P_a \tan \psi \tag{15}$$

übertragen. Sie muß immer durch entsprechende Führungen aufgehoben werden. Dies beansprucht die Bandkanten zum Teil recht erheblich.

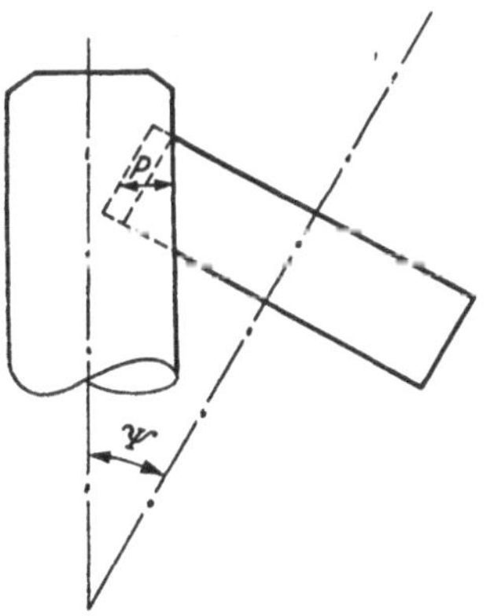

Abb. 17. Zur Erklärung einer Querkraft bei winkliger Verkantung der Andruckrolle

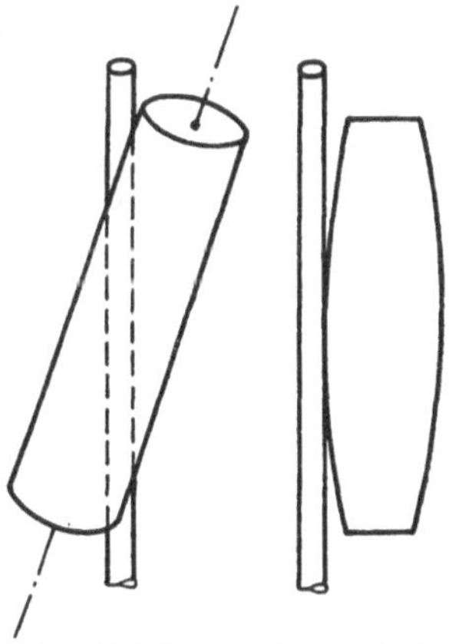

Abb. 18. Zur Wirkung einer windschiefen Verkantung der Andruckrolle. Das rechte Teilbild zeigt einen Schnitt in der Berührungslinie zwischen Antriebswelle und Andruckrolle

Die windschiefe Verkantung allein ist weniger gefährlich. Abb. 18 soll dies für eine sehr hohe Rolle veranschaulichen. Der Schnitt längs der Achse der Antriebswelle zeigt, daß bei minimalem Andruck Rolle und Welle sich nur in einem Punkt berühren. Bei richtiger winkliger Justage geschieht dies in der Mitte der Rolle. Erst bei erhöhtem Druck werden auch die äußeren Bereiche in die Berührung einbezogen. Der Druck in der Mitte bleibt aber am stärksten und bewirkt sogar eine gewisse Führung des Bandes zur Mitte. Allerdings ist hier auch die Beanspruchung des Bandes auf Dehnung beim Eintritt und Verlassen des Antriebssystems am höchsten. Durch die unterschiedliche Banddehnung in den verschiedenen Andruckbereichen erhöht sich durch die winschiefe Verkantung der Schlupf. Eine einfache und dennoch recht brauchbare Prüfmethode für die Justage der Rolle besteht darin, zwischen Rolle und Welle ein Stück Kohlepapier mit gegenüberliegendem weißen Papier zu bringen. Hierbei darf die Welle nicht rotieren. Es entsteht dann auf dem weißen Papier ein Abdruck der Flächenberührung, aus dem leicht auf die Justage der Rolle zu schließen ist [38].

Automatische Justage der Andruckrolle

Bei flexibler Lagerung der Andruckrolle können die Verkantungskräfte direkt zur automatischen Justage ausgenutzt werden [34]. Werden die beiden Antriebszonen ohne Band weit auseinander gerückt, so entsteht eine Anordnung gemäß Abb. 19. Der Mittelsteg hat die Breite des Magnetbandes. Für das Richtmoment gegen die winklige Verkantung dieser Anordnung gilt [34]

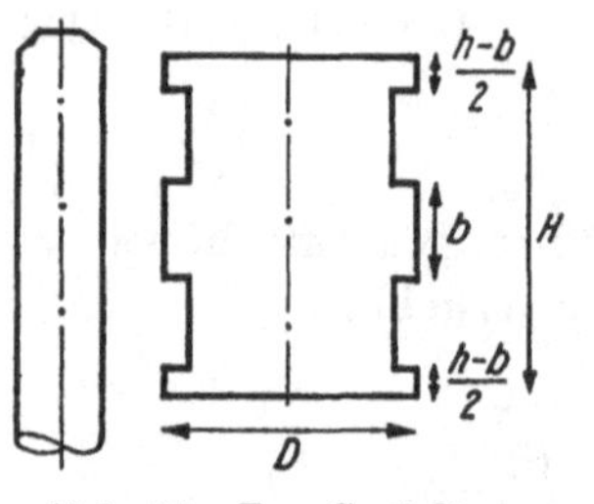

Abb. 19. Zur Gestaltung einer Rolle mit getrennten Führungsflächen zur automatischen Justage

$$M \sim P_a \cdot H \,. \tag{16}$$

Diese Rolle besitzt auch ein Richtmoment gegen die windschiefe Verkantung. Hierfür gilt

$$M_w \sim P_a \frac{H^3}{D} \sin \beta \,. \tag{17}$$

Dieses Richtmoment tritt aber erst im Betrieb, d. h. bei Rotation auf.

Bei den Heimtongeräten hat sich seit einigen Jahren eine wesentlich vereinfachte Anordnung dieses Prinzips durchgesetzt. Eine normale breite Rolle wird in Richtung der winkligen Verkantung federnd aufgehängt. Die Rückstellkräfte der Feder halten die Rolle, solange sie nicht in Betrieb ist, mit geringer Kraft in der annähernd richtigen Lage. Die Federkräfte sind aber so gering bemessen, daß beim Andruck die Selbstjustage eintritt. Eine entsprechende Anordnung zeigt Abb. 20.

Selbstanziehende Rolle

Bei älteren Bandgeräten wurde die Andruckrolle zuweilen durch den Wickelzug wirksam (Abb. 21) [34], [39]. Reißt hierbei das Band, so hört automatisch der Antrieb des Bandes auf. Im Studiobetrieb ist dies jedoch nachteilig. Mit dem üblichen Antrieb kann zuweilen die Sendung fortgesetzt werden, wenn das lose Band zunächst geschickt und ohne Wicklung aufgefangen wird, um es dann später aufzuwickeln („Papierkorbbetrieb"). Auch der Amateur macht hiervon zuweilen Gebrauch. Ein weiterer Nachteil der selbstanziehenden Rolle ist der komplizierte Bandverlauf, der vor allem das Rangieren erschwert.

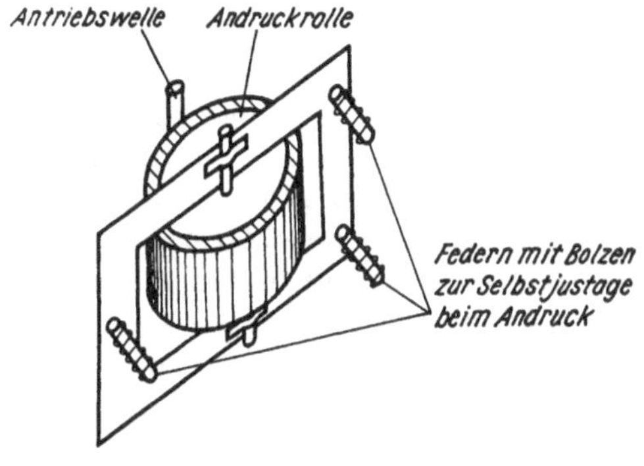

Abb. 20. Antriebssystem eines Heimbandgerätes. Die drei Federn greifen mit den Bolzen in eine Gegenplatte, mit der die Rolle federnd gegen die Antriebswelle gedrückt wird. Durch Ausgleich bei den Federn erfolgt eine automatische Justage

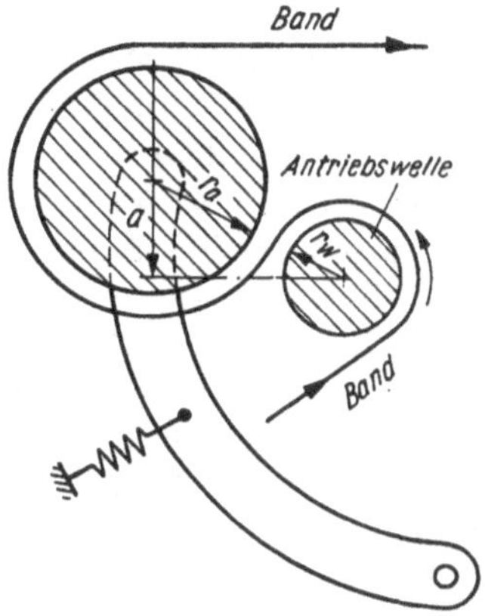

Abb. 21. Prinzipaufbau eines Antriebssystems mit selbstanziehender Andruckrolle

Da der Bandzug (etwa 100 p) im Vergleich zum nötigen Andruck (~1 kp) relativ gering ist, wird bei dieser Anordnung von der Hebelübersetzung Gebrauch gemacht [34]. Mit den in Abb. 21 gezeigten Größen gilt:

$$P_a = P_w \cdot \frac{r_a + r_w}{(r_a + r_w)^2 - a^2}. \tag{18}$$

2.2.4. Leistungsbilanz des Transportsystems

Das Antriebssystem hat ständig Arbeit gegen den Differenzbandzug P_{tr} zu leisten. Ist er positiv (Bremszug größer als Wickelzug), so wird Energie an das Magnetband übertragen, die unter anderem durch Reibung an den Magnetköpfen verloren geht. Es kann aber auch der Wickelzug größer sein, dann muß das Antriebssystem diese zu hohe Energie auffangen, es muß also genau genommen das Magnetband bremsen. Dies bedeutet noch lange nicht, daß der Antriebsmotor damit zum Generator wird. Es geht nämlich außerdem eine beträchtliche Energie im Antriebssystem selbst verloren. Beachtliche Leistungen werden für die ständige Walkarbeit in der Andruckrolle benötigt. Schließlich sind auch Verluste in den verschiedenen Lagern vorhanden.

Die minimal notwendige Leistung für den Antrieb eines Bandgerätes läßt sich berechnen, indem von der Aufwicklung und den anderen Verlusten abgesehen wird. Dann hat der Motor ständig den Differenzbandzug (er ist annähernd so groß wie der Bremszug) P_{tr} zu überwinden und gleichzeitig dem Band die Sollgeschwindigkeit v zu erteilen, und es gilt

$$N = P_{tr} \cdot v\,. \tag{19}$$

Die Proportionalität mit v zeigt, daß eine höhere Geschwindigkeit auch den leistungsstärkeren Motor verlangt.

Aus der Proportionalität mit P_{tr} ergibt sich, daß die Leistung des Wickelmotors stets zu Gunsten des Antriebsmotors geht. Wird kein getrennter Wickelmotor benutzt, so ist es von der Energie her gleichgültig, ob eine Aufwicklung erfolgt oder nicht. Erfolgt eine Aufwicklung, so liefert der Antriebsmotor über Getriebe und Kupplungen Energie für den Wickelzug und spart diese Leistung im Antrieb. Ohne Aufwicklung muß er sie alle im Antriebssystem auf das Magnetband übertragen. Dies gilt sogar noch, wenn das Antriebssystem bremsen muß. Diese Ergebnisse sind für den Aufbau von transportablen Geräten von Bedeutung, da bei ihnen ja mit der Energie sparsam umzugehen ist. Hier kommt es also nur darauf an, die verschiedenen Reibungs- und Walkverluste klein zu halten. Die Leistung für die Aufwicklung ist nur selten verschwendet.

Im allgemeinen wird die notwendige elektrische Leistung interessieren. Hierfür ist dann der Wirkungsgrad η des Motors zu berücksichtigen. Bei den Kleinmotoren liegt er zwischen 10 und 40%. Außerdem ist die Umrechnung von P_{tr} in Pond und v in cm/s nach dem üblichen Leistungsmaß Watt notwendig. Dadurch ergibt sich die Zahlenwertgleichung

$$\frac{N}{W} = 9{,}81 \cdot 10^{-5} \frac{1}{\eta} \frac{P_{tr}}{p} \cdot \frac{\mathrm{v}}{\mathrm{cm\,s^{-1}}}\,. \tag{20}$$

Bei 130 p und 9,53 cm/s errechnet sich für $\eta = 1$ ein Wert von rund 120 mW. Bei einem älteren Reportergerät des Rundfunks der DDR gelang es, mit 0,35 W auszukommen [5]. Aus einer Tabelle bei Meier [5] können auch Werte anderer Reportergeräte entnommen werden. Bei 19 cm/s werden stets Leistungen zwischen 1 und 3 Watt benötigt.

2.2.5. Probleme der Transportgeschwindigkeit

Die genaue Geschwindigkeit des Magnetbandes ist relativ schwer zu messen, eigentlich ist sie gar nicht definiert. Es sei vereinfacht angenommen, daß sie an einem Ort im Transportwerk zeitlich konstant ist, dann kann sie dort durch eine bestimmte Länge und Zeit gemäß

$$v = x/t \tag{21}$$

gemessen werden. Zeitmessungen stellen gegenwärtig die genauesten Messungen in der Physik überhaupt dar. Selbst eine nur mäßig gute Uhr mit einem Fehler von einer Minute pro Tag besitzt Abweichungen, die unter 10^{-3} liegen. Bei einer

Minute pro Woche liegt er bei 10^{-4}! Hieraus folgt, daß die Problematik also in der Längenmessung zu suchen ist. Hierbei stellt das Magnetband infolge seiner Elastizität automatisch die Grenze dar. Nach dem HOOKEschen Gesetz ergibt sich mit einer Konstanten K beim Zug P die Längenänderung

$$\Delta x = x\,K\,P\,. \tag{22}$$

Die Geschwindigkeit wird dadurch eine Funktion des Bandzuges

$$v = \frac{x}{t}(1 + K\,P)\,. \tag{23}$$

Nach KRONES liegen die Werte für K bei etwa 0,8 bis 2,9%/kp. Der Mittelwert liegt für Normalbänder bei 1,04, für Langspielbänder bei 1,55 und für Doppelspielbänder bei 1,75%/kp [4]. Wenngleich er auch nicht sehr groß ist, so bleibt die Bandgeschwindigkeit um diesen Wert unsicher.

Für die meisten technischen Daten eines Magnetbandgerätes stört dieser Zusammenhang kaum. Sie hängen nur relativ wenig von der Geschwindigkeit ab. Für die Praxis stören jedoch zwei Auswirkungen: Durch unterschiedliche Bandgeschwindigkeit beim Aufzeichnen und Wiedergeben wird sowohl der Zeitmaßstab als auch die Frequenz der Aufzeichnungssignale verändert. Beide Auswirkungen stören besonders, wenn Aufzeichnungen auf verschiedenen Magnetbandgeräten wiedergegeben bzw. wenn Anfang und Ende eines Bandes zusammenzukleben sind.

Zwischen beiden Änderungen (Zeitmaßstab und Frequenz) besteht jedoch ein fester Zusammenhang: Auf einem Bandstück der Länge x mögen sich n Schwingungen befinden. Die aufgezeichnete Wellenlänge beträgt also $\lambda = x/n$. Wird dieses Band mit dem Zug P belastet, so wachsen x und damit λ um den gleichen relativen Betrag $K\,P$. Die Laufzeit dieses Bandes bei der Geschwindigkeit v beträgt wegen Gl. (23) in Abhängigkeit vom Zug

$$t = \frac{x}{v}(1 + K\,P)\,. \tag{24}$$

Für die Frequenz

$$f = v/\lambda \tag{25}$$

ergibt sich damit die Abhängigkeit vom Zug zu

$$f = \frac{v\,n}{x\,(1 + K\,P)}\,. \tag{26}$$

Die Änderungen der Zeitdauer und Frequenz ist also umgekehrt proportional. Sie kompensieren sich daher vollständig, wenn die Geschwindigkeit stets bei einem definierten Bandzug angegeben würde. Dies ist bisher leider kaum berücksichtigt worden, und so erklären sich auch meist die unterschiedlichen Ergebnisse bei der Bandgeschwindigkeitsmessung.

Ein Ausweg wird in [39a] vorgeschlagen. Hierzu sind auf der Rückseite des Magnetbandes periodische Streifen angebracht. Die optische Abtastung dient zur Steuerung für die Sollgeschwindigkeit.

2.2.6. Methoden zur Messung der Bandgeschwindigkeit

Prinzipiell existieren 4 Methoden mit ihren Abwandlungen zur Messung der Bandgeschwindigkeit (Bemerkungen hierzu in [36], [40], [41]). Bei rotierenden Teilen ist ihr Durchmesser und ihre Drehzahl zu messen. Als rotierende Teile kommen die Antriebswelle, Umlenkrollen, speziell angefertigte Stroboskopscheiben, die vom Bandwickel mitgenommen werden [36] sowie die Andruckrolle in Betracht. Die Umdrehungszahl wird meist stroboskopisch gemessen. Im Antriebssystem können Fehler durch den Schlupf auftreten. Bei der Andruckrolle kommen noch die Deformationen als Ungenauigkeit hinzu.

Die aufgezeichnete Wellenlänge und wiedergegebene Frequenz hängen mit der Geschwindigkeit gemäß Gl. (25) zusammen. Bei Meß- oder Bezugsbändern hat λ einen definierten Wert, so daß aus der wiedergegebenen Frequenz recht genau auf die Transportgeschwindigkeit zu schließen ist. Die Wellenlänge ist aber auch meßbar, indem die Aufzeichnung sichtbar gemacht wird. Durch Abzählen vieler Perioden entsteht dabei eine erhöhte Genauigkeit.

Ein genau abgemessenes Bandstück benötigt zum Durchlauf eine Zeit, die leicht mit einer Stoppuhr zu messen ist. Vorteilhaft wird dieses Stück zwischen zwei Kennbändern oder zu einer Schlaufe geklebt.

Der Abstand zweier Magnetköpfe bietet eine letzte Möglichkeit. Es kann z. B. die Verzögerungszeit eines Impulses von der Aufzeichnung bis zur Wiedergabe gemessen werden [41] oder aber auch zwischen zwei Wiedergabeköpfen mit definiertem Abstand [40]. Im ersten Fall ist ein start- und stoppbares Frequenznormal notwendig. Im zweiten Fall wird die aufgezeichnete Frequenz stetig verändert und das Spannungsminimum bei der Reihenschaltung beider Köpfe (Phasenabgleich) genutzt.

2.3. Bandzug im Aufzeichnungsträger

Bei allen Betriebsarten eines Transportwerkes sind bestimmte Bandzüge an den verschiedenen Stellen notwendig. Die Eigenschaften des Gerätes hängen in vielfältiger Weise von diesen Werten ab. Eine Übersicht hierzu gibt Abb. 22.

Beim Aufzeichnen und Wiedergeben sind die möglichen Störungen besonders vielfältig.

Für das Umspulen ist es dagegen nur notwendig, auf gute Bandwickel zu achten.

Wird das Magnetband gestartet bzw. gestoppt, so müssen Bandzugspitzen vermieden werden, damit das Magnetband nicht plastisch verformt wird oder gar reißt.

In der Haltstellung ist dafür zu sorgen, daß die Wickel stabil bleiben und sich keine Schlaufen des Magnetbandes bilden. Ein geringer Bandzug ist also auch hier immer wünschenswert.

2.3.1. Probleme des Bandwickels

Der Einfluß des Zuges auf die Bildung guter Filmwickel wurde von FRIELINGHAUS [42] untersucht. Wenngleich die dortigen Ergebnisse auch in erster Linie für Kinofilme erfolgten, so sind viele Aussagen doch auch auf das Magnetband übertragbar. Weiter liegen Untersuchungen bei digitalen Transportwerken vor, die wesentlich den Einfluß großer Beschleunigungen berücksichtigen [43].

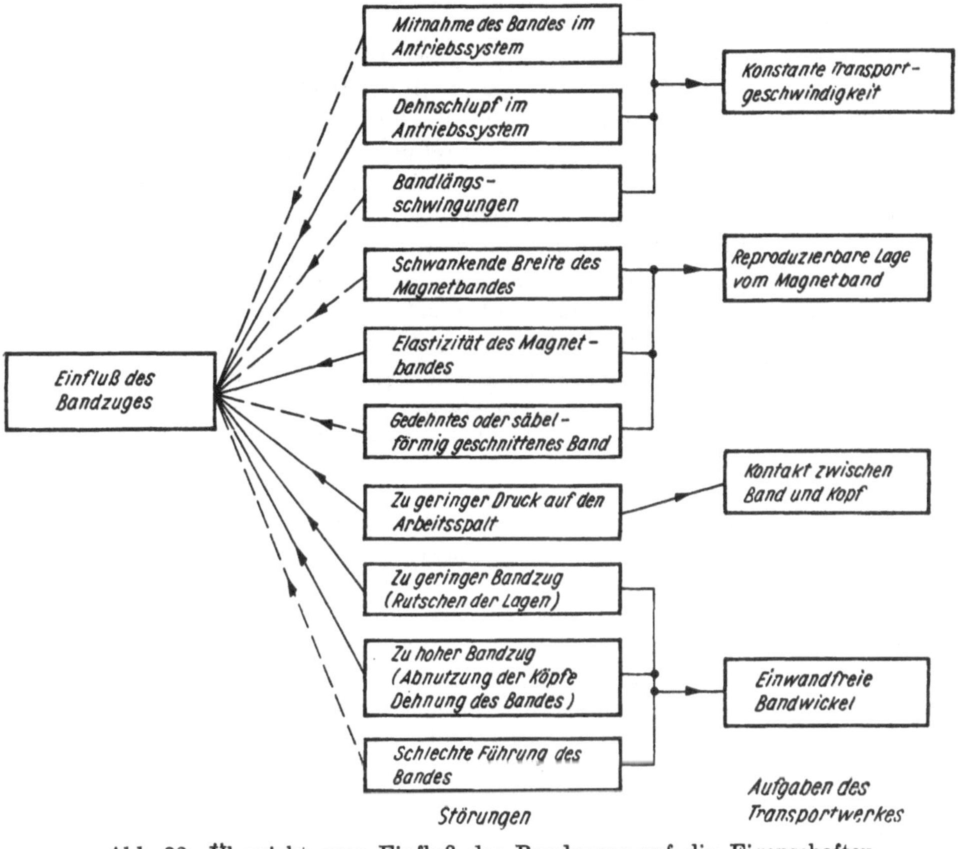

Abb. 22. Übersicht zum Einfluß des Bandzuges auf die Eigenschaften von Transportwerken

Beim Aufwickeln eines Bandes sind drei Fälle zu unterscheiden: Nämlich der Normalbetrieb, wo das Magnetband mit der konstanten Arbeitsgeschwindigkeit transportiert wird, der Umspulbetrieb, wo die Geschwindigkeit stark variieren kann und meist viel höher als die Arbeitsgeschwindigkeit ist und schließlich der intermittierende Betrieb bei den Digitalgeräten.

In allen Fällen sind möglichst die folgenden Forderungen zu erfüllen:

1. Es muß ein so fester Wickel entstehen, daß mit ihm ohne Gefahr zu hantieren ist. Es sollen sich weder die Lagen gegeneinander verschieben lassen, noch darf der Wickel auseinanderfallen.
2. Die Stirnseiten des Wickels müssen so glatt sein, daß keine Lagen oder gar einzelne Windungen herausragen. Sie sind dann nämlich leicht zu beschädigen, und damit ist für diese Stellen beim späteren Transport keine ausreichende Führung des Bandes möglich. In einigen Fällen kann das Band dabei sogar so stark beschädigt werden, daß es später zerreißt.
3. Es darf nicht möglich sein, den Wickel durch Ziehen am Bandende gegenüber dem Kern zu drehen (Nachziehen). Hierbei verschieben sich nämlich die Lagen des Bandes gegeneinander, und die Oberfläche des Bandes könnte durch eingewickelte Staubteilchen beschädigt werden, was dann zu dropouts führt. Ebenfalls können hierbei Wellungen (cinching) auftreten. Diese Gefahr besteht besonders bei den plötzlichen und hohen Beschleunigungen der Digitalgeräte, wobei z. B. der innere Wickelteil schon im Uhrzeigersinn und der äußere noch entgegengesetzt bewegt wird.
4. Es darf kein zu hoher Bandzug im Wickel bestehen bleiben, weil dann plastische Verformungen des Magnetbandes auftreten können. Dies kann unter anderem auch zur Speichenbildung (spoking) führen.
5. Schließlich sind gewisse Forderungen bezüglich der Raumtemperatur und -feuchtigkeit einzuhalten. Durch beide werden nämlich die Zugverhältnisse in der Spule beeinflußt und der Wickel wird meist instabiler.

Bei vielen Magnetbandgeräten werden Spulen verwendet, jedoch auch hierbei sind die Forderungen kaum geringer. Lediglich bezüglich des festen Bandwickels (Punkt 1) sind Kompromisse denkbar. Da sie aber meist zu Lasten der Transportleistung des Antriebssystems gehen, sind sie, da hierdurch zugleich Punkt 3 nicht erfüllt wird, auch bei transportablen Geräten kaum verständlich. Die Spulen dienen eigentlich nur in gewisser Hinsicht dem Schutz des Bandwickels. Die Führung durch die Spule kann praktisch nicht genutzt werden. Es soll im Gegenteil über den vollen Umfang der Spule nach beiden Seiten hin ein geringer Abstand zur Spule bestehen. Die Spule gibt damit eigentlich nur eine etwas erhöhte Sicherheit für das Hantieren mit dem Magnetband. Bei einem defekten Transportwerk kann auch nicht der Wickel auseinanderfallen, und ebenso ist es wesentlich unwahrscheinlicher, daß die letzten Windungen herabfallen.

Bei den Magnetbandkassetten bestehen ebenfalls keine Sonderbedingungen. In den Fällen, wo das Magnetband am Wickel angetrieben wird, bestehen sogar noch etwas verschärfte Forderungen.

Lagenpressung im Bandwickel

Eine Windung des Radius R im Wickel sei mit dem Bandzug P_T entstanden. Hierdurch wirkt sie auf das Innere mit dem Radialdruck (Lagenpressung)

$$P_R = \frac{P_T^2}{2R}. \tag{27}$$

Dieser Radialdruck setzt sich im Wickel nach innen fort. Allerdings werden dabei die inneren Windungen wieder zusammengedrückt, so daß dort der wirksame Zug zurückgeht und damit die Lagenpressung weniger stark als bei der einfachen Addition der Radialdrucke anwächst. Die Zusammenhänge sind recht kompliziert und wurden bisher nicht berechnet, sondern lediglich von ROHLOFF [42] gemessen. Die Ergebnisse zeigt Abb. 23. Danach gibt es einen unteren Grenzradius R_d, von dem ab die im Wickel vorhandene Zugkraft P_T

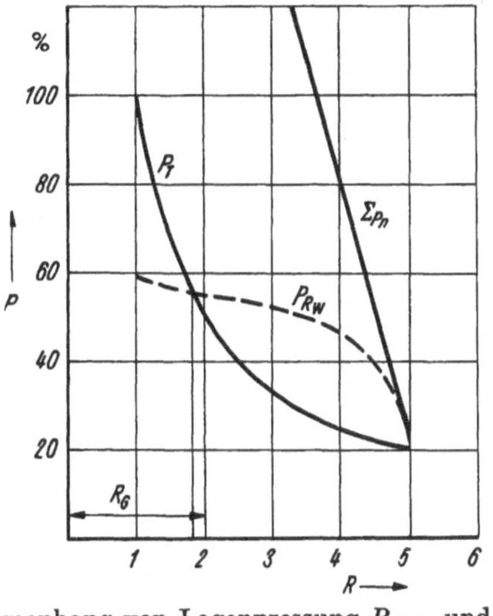

Abb. 23. Zusammenhang von Lagenpressung P_{RW} und Tangentialzug P_T in einem Bandwickel [42]

(stammt vom konstanten Wickelzug) größer als die Lagenpressung P_{Rw} wird. Unterhalb dieses Radius wird der Wickel sich also durch Nachziehen zu verdichten versuchen. Um einen derartigen Einfluß zu vermeiden, schlägt FRIELINGHAUS [42] u. a. eine Wickelung mit konstantem Drehmoment M vor. Praktisch ist dies durch eine Rutschkupplung zu realisieren. Der Bandzug P_T st dann umgekehrt proportional zum Radius:

$$P_T = \frac{M}{R}. \tag{28}$$

Für kleine Radien kann dadurch aber der Bandzug so groß werden, daß bereits eine plastische Verformung eintritt. Bei großen Radien wird dagegen der Bandzug so gering, daß die äußeren Lagen sich sehr leicht vom Wickel lösen. Ein Verhältnis zwischen Anfangs- und Endradius von 1:3 dürfte daher die Grenze sein. Diese Lösung wäre ohnehin beim Magnetbandgerät im Normalbetrieb nicht anwendbar, weil sich dann entgegen allen zuvor genannten Wünschen der Bandzug stark ändert. Es ist dann vielmehr wichtig, den Einfluß von Gl. (28) auszuschalten, indem das Drehmoment so mit dem Radius verändert wird, daß der Bandzug konstant bleibt.

2.3.2. Umwicklung von Band

Wird das Magnetband nur umgewickelt, so gilt die Anordnung gemäß Abb. 24. Im allgemeinen wird v von verschiedenen technischen Details, den beiden Radien und P_w abhängen. Der Bandzug ist allein durch das bremsende Drehmoment M und den Abwickelradius R_A gemäß Gl. (28) gegeben. Der Zug wird also von der Aufwickelseite her nicht beeinflußt.

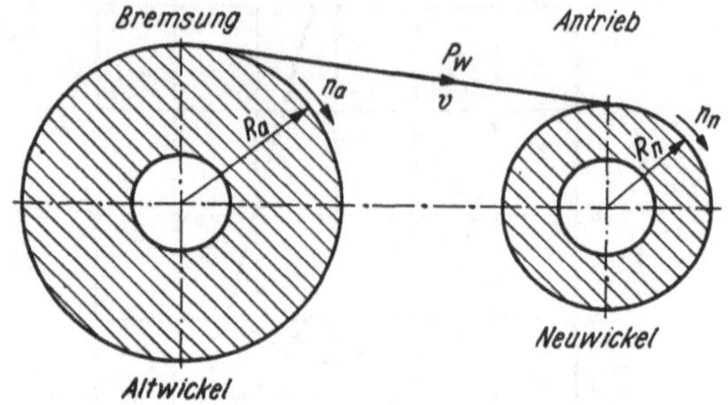

Abb. 24. Zum Problem der Umwicklung

Bei konstantem Bremsmoment ist der Zug anfangs (großer Abwickel-, kleiner Aufwickelradius) sehr klein und wird gegen Ende groß. Dieser Verlauf ist für stabile Bandwickel vollkommen ungeeignet.

Es ist daher bereits viel günstiger, den Bandzug so zu beeinflussen, wie es auch im Betriebsfall erwünscht war, daß er unabhängig vom Radius konstant bleibt. Ideal wäre natürlich eine gewisse Überkompensation des Radiuseinflusses auf der Abwickelseite.

Die Wickelgeschwindigkeit hängt neben dem Bandzug und dem Aufwickelradius im wesentlichen von dem an der Aufwickelseite zur Verfügung stehenden Drehmoment ab. Das Drehmoment dieses Motors kann natürlich auch so groß gewählt werden, daß die Drehzahl n annähernd konstant bleibt. Für einen maximalen Wickelradius $R_{n,m}$ muß es dann

$$M_{\max} = R_{n,m} P_w \tag{29}$$

sein. Da die Endgeschwindigkeit

$$v_{\max} = n \, 2 \, \pi \, R_{n,m} \tag{30}$$

beträgt, muß der Motor mit dem Wirkungsgrad η für die Leistung

$$N = P_w \, n \, 2 \frac{\pi}{\eta} R_{n,m} \tag{31}$$

dimensioniert sein (vgl. Gl. 19).

Ist die Leistung des Motors geringer, so wird seine Drehzahl n soweit absinken, bis wieder ein Gleichgewicht zur Leistung besteht. Dabei ist allerdings zu beachten, daß auch η von der Drehzahl abhängen kann.

Bandzug an der Aufwickelseite

Der Bandzug an der Aufwickelseite ist, wenn von Reibungsverlusten in der Umlenkrolle und im Motor abgesehen wird, nur vom Drehmoment der Aufwicklung abhängig. Hierfür gilt dann wieder Gl. (28). Für günstige Bedingungen muß also das Drehmoment so beeinflußt werden, daß es sich reziprok mit dem Wickelradius ändert:

$$M = \frac{P_w}{R} . \tag{32}$$

Dabei kann von Vorteil sein, daß bei konstanter Transportgeschwindigkeit sich die Drehzahl

$$n = \frac{v}{2 \pi R} \tag{33}$$

ebenfalls umgekehrt proportional zum Radius verhält. Sofern also für einen Antrieb M proportional mit n anwächst, läßt sich durch eine passende Übersetzung und zumindest für eine Arbeitsgeschwindigkeit näherungsweise das gewünschte konstante P_w erreichen. Günstig hierfür sind Induktionsmotoren mit hochohmigen Läufern [44].

Bei dem STUDER-Gerät „A 62“ steuert die Spannung eines Tachodynamos, der mit dem Wickelmotor verbunden ist, über einen magnetischen Verstärker die Spannung des Motors. Das spezielle Motorverhalten wird hier also durch eine Elektronik erzeugt [45].

Bandzug an der Abwickelseite

An der Abwickelseite sind die Reibungsverluste kaum mehr zu vernachlässigen. Sie erzeugen einen Bandzug P_b und entstehen zumindest an den Magnetköpfen und den Führungselementen. Zuweilen sind diese Bremskräfte bewußt verstärkt, indem z. B. das Magnetband durch Filz oder dgl. an die Magnetköpfe angedrückt wird. Zu diesen Reibungskräften addiert sich dann noch der Bremszug der Abwicklungsrichtung gemäß Gl. (28), so daß insgesamt

$$P_a = \frac{M}{R} + P_b \tag{34}$$

gilt. Je größer also der Bremsanteil P_b ist, um so weniger macht sich der Einfluß des Wickelradius bemerkbar. Es muß aber ergänzt werden, daß in P_b auch teilweise von dem Wickelzug M/R eingeht. Diese Abhängigkeit ist aber besonders gering, wenn P_b bewußt und möglichst unabhängig vom Wickelzug erzeugt wird.

Schwankungen der Bandzüge

Dem mittleren Bandzug ist immer eine bestimmte zeitliche Schwankung überlagert. Sie kann ebenfalls zu vielfältigen Störungen führen und wurde deshalb z. T. gründlicher als der mittlere Bandzug untersucht [46], [47]. Die Schwankungen hängen stark vom Gerät und Meßpunkt ab und ihr Betrag ist frequenzabhängig. Einen typischen Verlauf für das Telefunkengerät „M 10“

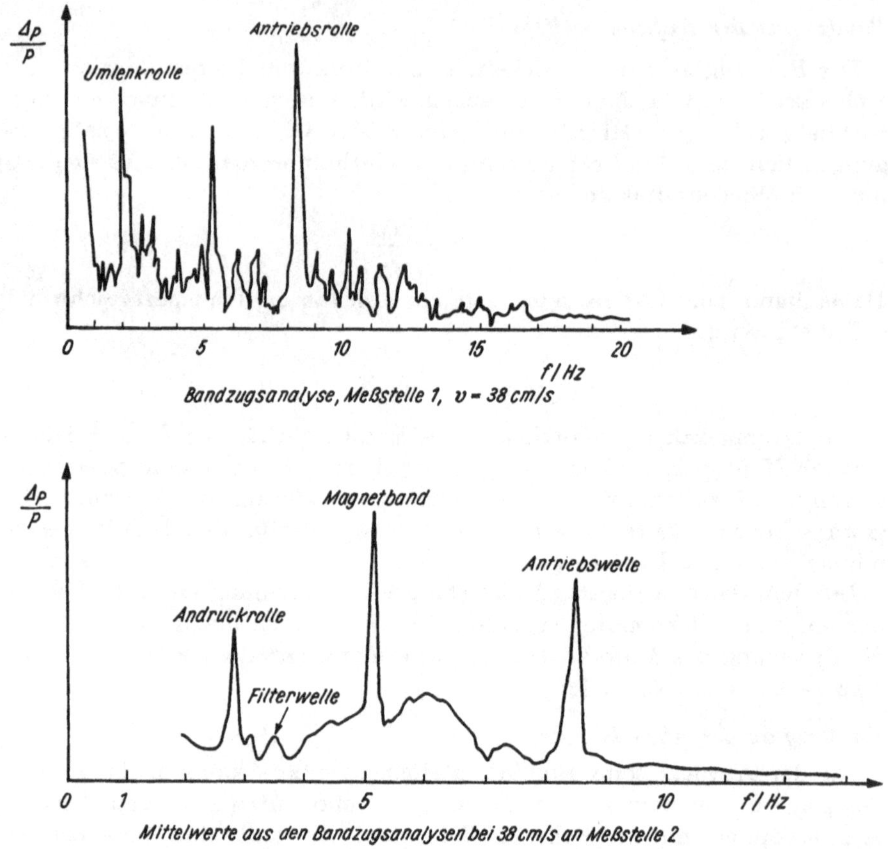

Abb. 25. Abhängigkeit der Bandzugsschwankungen von ihrer Frequenz bei einer Einzelmessung mit 38 cm/s vor der Filterrolle bei dem Telefunkengerät M 10 (a) und gemittelte Meßwerte in der Umgebung der Magnetköpfe (b) [47]

zeigt Abb. 25a. Besonders deutlich sind darin die Spitzen für die rotierenden Teile enthalten, die stets einige, wenn auch nur geringe Rundlauftoleranzen aufweisen. Noch deutlicher sind diese Spitzen erkennbar, wenn über eine längere Zeit gemittelt wird (Abb. 25b). Bei dieser Analyse wurde festgestellt, daß eine Spitze durch ein Magnetband mit einem speziellen Fehler entstand. Außerdem bewies diese Arbeit von Wittig, daß Bandzugsmessungen sehr geeignet sind, Fehler an Transportwerken zu erkennen. Sie geben sogar mehr Aufschluß hierüber als Geschwindigkeitsmessungen.

2.3.3. Methoden der Bandzugstabilisierung

Aus den vorangegangenen Betrachtungen geht hervor, daß der Bandzug möglichst an der Ab- und Aufwickelseite konstant zu halten ist. Es gibt hier einige Maßnahmen, die dies im Sinne einer Steuerung bezüglich des Wickelradius lösen. Hier seien zunächst nur die Möglichkeiten genannt, den Radius zu ermitteln: Der Radius ist direkt am Wickel oder indirekt auf dem Wege zur Führungsrolle feststellbar. Das Gewicht eines Wickels oder einer Spule ändert sich mit dem Bandvorrat. Die Drehzahl des Wickeltellers ist zum Radius reziprok. Eine Übersicht zu diesem Problem gibt Tabelle 2 [44].

Am vorteilhaftesten ist es jedoch, den Bandzug selbst hierzu heranzuziehen. Aus der Steuerung wird dadurch eine Regelung. Sie hat den Vorteil, daß sie auch unabhängig von den Ursachen wirkt und den Nachteil, daß stets ein, wenn auch geringer, Restfehler bleibt. Dabei sind besonders gute Werte erreichbar, wenn zusätzlich der Wickelradius als Störwert aufgeschaltet wird. Mit diesem Prinzip ist es heute möglich, Werte bis zu ein Prozent Abweichung zu erreichen. Da bei allen Anwendungen zunächst der Bandzug zu messen ist, sind diese Methoden vorweg zu behandeln.

Forderungen an die Bandzugmessung

Für die Messung des Bandzuges sind drei Anwendungsfälle zu unterscheiden:

1. Möglichst universelles Meßgerät zur Einstellung und Prüfung von Geräten.
2. Spezielles Meßgerät für definierten Einsatz, meist an einem kommerziellen Gerät.
3. Anordnung, die Teil eines Bandzugsregelkreises ist.

In allen drei Fällen ist die Messung problematisch, da sich das Magnetband ständig bewegt und damit an der Meßstelle stets neues Magnetbandelement auftaucht. Es ist also z. B. nicht möglich, das Band zu zertrennen und eine Federwaage einzubauen.

Im ersten Fall darf der normale Bandlauf nur vernachlässigbar verändert werden. Außerdem ist auf den Geräten meist nur extrem wenig Platz für den Meßfühler vorhanden. Schließlich wird noch vielfach gefordert, daß auch recht schnelle Änderungen des Bandzuges nachweisbar sind. Dies erfordert eine recht hohe Resonanz des Meßsystems, die bei einigen kHz liegen sollte. Erwähnt sei, daß die Universalität auch durch die Breite des Magnetbandes eingeschränkt sein kann. Sie liegt heute zwischen ca. 4 und 50 (70) mm. Daher ist es auch verständlich, daß es zunächst bei der einzigen z. Z. käuflichen Bandzugswaage der Firma EMT Lahr/Schwarzwald mehrfache Verzögerungen bei der Fertigung gab [48]. (Abb. 26).

Bei der zweiten Gruppe vereinfachen sich die Forderungen z. T. beträchtlich. Hierfür sind derartige Geräte aber auch automatisch im Zubehör der Speicher einbegriffen bzw. werden nur in den speziellen Servicestätten benutzt und sind damit kaum zugänglich.

Die dritte Anordnung kann und muß direkt in den Bandlauf einbezogen werden und bietet daher nur spezielle Probleme. Dennoch sind ihre Grundprinzipien kaum abweichend gegenüber den Ausführungen in den beiden ersten Fällen.

Tabelle 2

Vergleich verschiedener Möglichkeiten, den Bandzug konstant zu halten [44]

	Einfluß des Wickelradius		Beseitigung statistischer Störungen verschied. Herkunft	Störungen bewirken verschied. —				Anordnungen an der Aufwickelseite			anwendbar bei umschaltbarer Bandgeschwindigkeit	Bemerkungen
	annähernder Ausgleich	auch Ausgl. v. Unrundheit.		Bandlängen	Bandspulen	Banddicken	Bandgewichte	prinzipiell möglich	m. konstantem Drehmoment	d. verlustfr. Kupplung		
konstante Bremskraft am Band	+	+	×	–	–	–	–	–	–	–	+	Schwierigkeiten beim Starten und Stoppen
Bandgeschwindigkeit	+	+	×	–	–	–	–	+	+	–	×	nur bei großem Aufwand anwendbar, nur für eine Seite möglich
Wickelradius abtasten	+	×	–	–	–	–	–	+	×	–	+	vorwiegend elektrische und unstetige Steuerung
nach der Zeit oder Bandlänge	+	–	–	+	+	+	–	+	+	+	×	zu Beginn stets Anfangsstellung notwendig; keine Anwendung bei Kassetten möglich
Umdrehungszahl der Wickel	+	×	–	–	–	–	–	+	+	–	×	mit Spezialmotoren elegant, sonst eventuell aufwendig
Bandgewicht	+	–	–	×	×	×	+	+	×	+	+	sehr einfaches und dennoch brauchbares Verfahren
Bandzug (Regelkreis)	+	+	+	–	–	–	–	+	×	+	+	große Anpassungsfähigkeit

Es bedeuten + ja, – nein, × eventuell. Nur in der Mittelspalte tritt für gute Verfahren ein Minus auf.

Abb. 26. Bandzugswaage der Firma EMT Lahr/Schwarzwald. Im rechten Teilfeld befindet sich die Waage in Betriebsstellung. Die Polysterolhaube über dem Meßkondensator ist entfernt

Methoden der Spannungsoptik

Das ideale Bandzugsmeßgerät sollte auf den Bandablauf keinen Einfluß ausüben. Dies dürfte nur mit den Methoden der optischen Spannungsmessung durchführbar sein. Hierzu existiert jedoch erst ein erster Versuch, der die Möglichkeit zumindest bei unbeschichtetem Material als brauchbar erscheinen läßt [49]. Bei beschichtetem Magnetband müßten Lichtwellenlängen von einigen μm benutzt werden, weil nur dort das gesamte Magnetband durchlässig ist. Hierbei treten aber Probleme der Polarisation und der Lichtempfänger auf. Dennoch dürfte diese Möglichkeit wegen folgender Vorteile künftig Bedeutung gewinnen:

Es wird nicht der Bandlauf verändert.
Es wird keine mechanische Energie vom Magnetband benötigt.
Es lassen sich sehr hohe Schwankungsfrequenzen übertragen.
Das Verfahren ist unabhängig von der Breite des Magnetbandes.

Anordnung mit beweglicher Rolle

Die üblichen Bandzugmesser benutzen eine mechanische Einheit, bei der eine Rolle je nach dem Wert des Zuges ausgelenkt wird. Das Magnetband bewegt sich dabei über die beiden Führungsrollen in Abb. 27. Sie sind vielfach ein Teil des Meßgerätes und werden zuweilen auch durch feststehende Stifte, an denen das Band reibt, ersetzt. In Sonderfällen können dies auch Führungsstellen des Transportwerkes sein. Zwischen diesen beiden Rollen wird das Magnetband durch die bewegliche Rolle (Stift) um den Weg x abgelenkt und bildet dabei den Winkel α. Mit dem Abstand l zwischen den beiden Führungsrollen gilt

$$\tan\frac{\alpha}{2} = \frac{1}{2\cdot x}. \tag{35}$$

Auf die bewegliche Rolle wird damit die Kraft

$$P_m = 2\,P_w \cos\frac{\alpha}{2} = 4\,P_w \frac{x}{\sqrt{l^2 + 4\,x^2}} \tag{36}$$

ausgeübt. Da im allgemeinen die bewegliche Rolle durch eine Federkraft gehalten wird, gilt mit der Direktionskonstanten D und der Ruheauslenkung x_0 für die Gleichgewichtslage:

$$P_m = D\,(x_0 - x) = 4\,P_w \frac{x}{\sqrt{l^2 + 4\,x^2}}. \tag{37}$$

Die Auslenkung

$$\Delta x = x_0 - x \tag{38}$$

dient damit zur Messung des Bandzuges

$$P_w = \frac{D}{4}\,\frac{\Delta x}{x_0 - \Delta x}\sqrt{l^2 + 4\,(x_0 - \Delta x)^2}. \tag{39}$$

Solange also $\Delta x \ll x_0$ bleibt, besteht ein linearer Zusammenhang zwischen der Auslenkung und dem Bandzug.

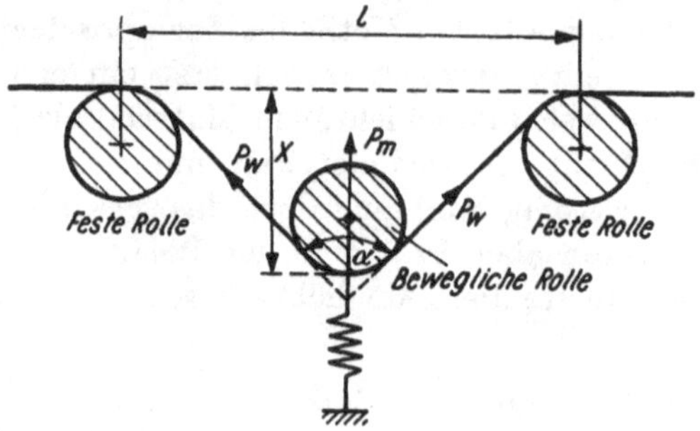

Abb. 27. Anordnungsprinzip bei der Messung des Bandzuges

Die später eintretende Nichtlinearität wird dagegen vollständig umgangen, wenn die bewegliche Rolle mit 180° umschlungen wird, also $\alpha \to 0$ strebt. Hierbei sind aber der Einfluß auf den ursprünglichen Bandlauf und die Verluste in der Meßanordnung so groß, daß solche Anordnungen nur noch historische Bedeutung haben sollten.

Die relativ geringe Auslenkung Δx und der erwünschte große Wickel α bedeuten, daß sehr kleine Wegänderungen nachzuweisen sind. Gleichzeitig ist die Feder dadurch relativ hart. Hierdurch steigt die Resonanzfrequenz im gewünschten Sinne an. Ein günstiger Kompromiß bietet sich darin an, die Nichtlinearitäten von Gl. (39) in die Eichung einzubeziehen. Die letzte Methode hat vor allem dann Bedeutung, wenn die Meßanordnung Teil des Regelkreises für den Bandzug ist.

Eine etwas abweichende Methode benutzt STUDER in seinen Magnetbandgeräten. Hierbei befinden sich im normalen Bandlauf zwei Rollen, die auf einem Teil drehbar montiert sind. Sie werden von einer Feder gegen den Bandlauf verdreht. Der Gleichgewichtszustand ist durch einen Drehwinkel gekennzeichnet (Abb. 28).

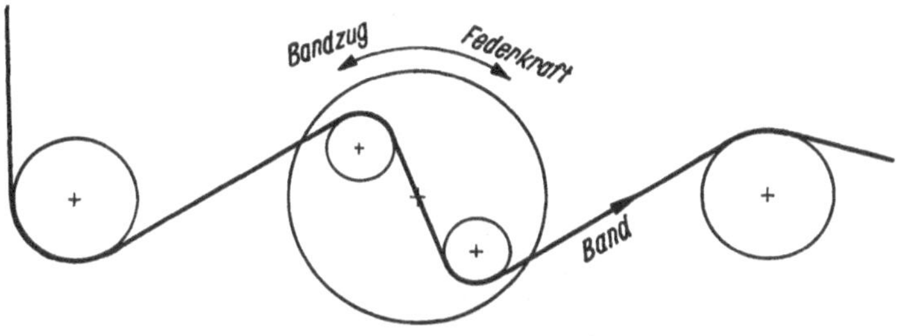

Abb. 28. Anordnung der Meßeinrichtung zur Bandzugsstabilisierung bei einem Studio-Bandgerät der Firma STUDER

Bewegliche Umlenkrolle

Für den Regelkreis ist eine bewegliche Umlenkrolle vorteilhaft, da sie zugleich den Einfluß der Radien als Störwertaufschaltung erfaßt [44], [50]. Die zugehörige Anordnung zeigt Abb. 29. Danach gilt

$$P_m = P_w \left[\sin\beta + \sin(\alpha - \gamma)\right]. \tag{40}$$

Durch den Winkel α ist die Lage des Drehpunktes für den Umlenkrollenhebel festgelegt, während β der konstante Ablaufwinkel des Bandes ist. Für den Winkel γ gilt mit dem Radius R und dem Abstand H der Mittelpunkte von Rolle und Wickel der Zusammenhang

$$\sin\gamma = R/H. \tag{41}$$

Somit folgt dann

$$P_m = P_w \left[\sin\beta + \sqrt{1 - \frac{R^2}{H^2}}\sin\alpha - \frac{R}{H}\cos\alpha\right]. \tag{42}$$

Für α gleich Null ergibt sich eine optimale Störwertaufschaltung bei linearen Übertragungssystemen. Gewisse Einflüsse der Nichtlinearität können durch ein bestimmtes α teilweise kompensiert werden [50]. Am schnellsten führen hier graphische Verfahren zum Ziel. Für den Winkel β ist ein Wert von 90° optimal, da dann der Bandzug die größte Kraft auf den Umlenkrollenhebel überträgt.

Allgemeines zu Regelkreisen

Beim Regelkreis ist der Bandzug zu messen, mit dem Sollwert zu vergleichen, die Abweichung zu verstärken und mit diesem Wert dann der Bandzug nach-

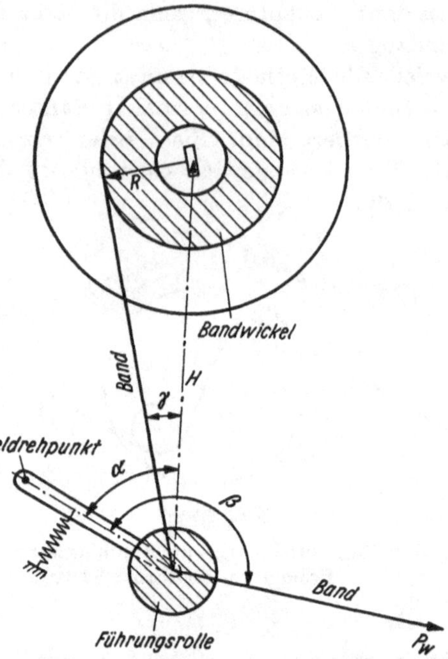

Abb. 29. Anordnung der beweglichen Umlenkrolle zur Störwertaufschaltung des Radiuseinflusses vom Bandwickel. Zur Vereinfachung wurde für die Rolle der Radius Null angenommen

zustellen. Je nach der Art der Stellglieder ergeben sich recht unterschiedliche Methoden. Hauptsächlich kommen heute mechanische und elektrische — nur ganz selten bei digitalen Geräten — pneumatische Stellglieder vor.

Als elektrische Stellglieder dienen die meist ohnehin vorhandenen Wickelmotoren. Da sie durch Ströme oder Spannungen zu steuern sind, werden mechano-elektrische Wandler für die Bandzugsmessung benutzt. Für eine gute Ausregelung der Fehler sind zusätzlich noch Verstärker notwendig, damit die ausreichende Kreisverstärkung auftritt. Hierfür sind Röhren, Transistoren bzw. magnetische Verstärker üblich. Als Bezugsnormal dient in allen bekannten Fällen eine Feder.

Als mechanische Stellglieder sind Bremsen und Kupplungen anwendbar. Die notwendige Leistungsverstärkung bzw. Anpassung erfolgt durch Servoeinrichtungen bzw. Hebelübersetzungen. Ein sehr einfacher und äußerst wirksamer rein mechanischer Regelkreis mit Störwertaufschaltung ist in [44] beschrieben.

Mechano-elektrische Wandler

Für die mechano-elektrischen Wandler sind wieder die drei Anwendungsfälle des Unterabschnittes „Forderungen an die Bandzugsmessung" (S. 71) zu unterscheiden.

Beim universellen Meßgerät interessiert vor allem die Linearität und Nullpunktstabilität. Hier ist auch stets eine ausreichende elektrische Verstärkung möglich. Vorteilhaft sind daher die bekannten Anordnungen zur Messung nicht elektrischer Größen [51]. Gut bewährt haben sich induktive und kapazitive Geber sowie Dehnungsmeßstreifen in Brückenschaltung.

Bei den kommerziellen Anordnungen sind die Bedingungen bis auf die Linearität nicht wesentlich anders. Hier können schon piezo- und photoelektrische Anordnungen bedeutsam sein [47].

Bei den Bandzugregelkreisen ist weder die Linearität noch die Stabilität sehr bedeutsam. Deshalb können auch Anordnungen Verwendung finden, die sofort recht hohe Ausgangsspannungen erzeugen. In [52] wird eine Anordnung beschrieben, die einen speziellen Stelltransformator benutzt und bei der jeder Leistungsverstärker überflüssig ist. Ein System mit Röhrenverstärker und photoelektrischem Wandler beschreiben VOLLMER und RANK [53]. Weitere Methoden sind nur an produzierten Geräten zu studieren.

Anordnungen mit Kohledruckwiderständen

Ein sehr vorteilhafter Wandler ist der bekannte Kohledruckregler [50]. Bisher bereitete es Schwierigkeiten, den Widerstand der Kohlesäule bei ausreichender Länge hinreichend groß zu bekommen. Deshalb wurden inzwischen zwei vorteilhafte Schaltungen entwickelt.

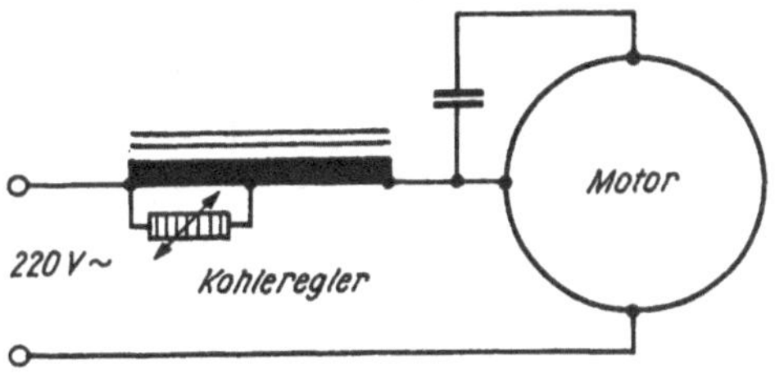

a)

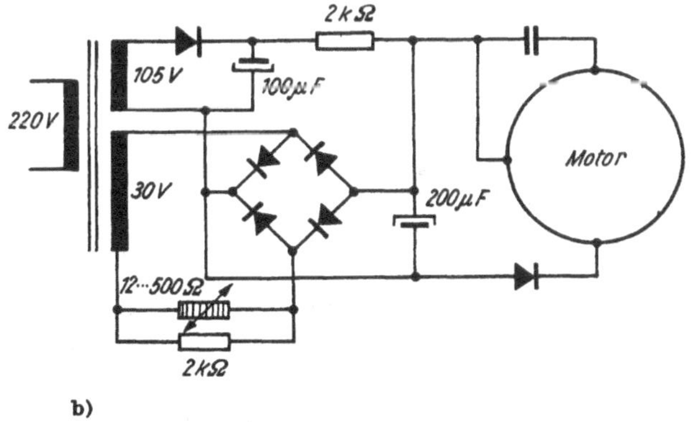

b)

Abb. 30. Vorteilhafte Schaltungen von Kohledruckwiderständen für die Bandzugsstabilisierung. Für die Aufwicklung ist besonders Teilbild a) und für die Abwicklung Teilbild b) geeignet

Eine extrem einfache Anordnung arbeitet mit einem Spartrafo, der nur die Aufgabe hat, den Widerstand des Kohledruckreglers an den Motor anzupassen (Abb. 30a). Sie hat den Nachteil, daß die Transformatoren zusätzliche Brummeinstreuungen in die Magnetköpfe bewirken können und daß mit ihnen das Bandgerät erheblich schwerer wird.

Eine andere Anordnung (Abb. 30b) benutzt zwei Gleichspannungen, die gegeneinander geschaltet sind und sich bei einer Grenzstellung des Kohledruckreglers kompensieren. Um Funkenbildung zu vermeiden, befindet sich der Kohledruckregler im Wechselstromkreis und ist zusätzlich noch mit 2 kΩ überbrückt. Damit eine eventuelle Überkompensation unschädlich bleibt, befindet sich eine Siliziumdiode im Stromweg zum Motor. Da bei dieser Anordnung infolge des Gleichstromes der Motor nur zu bremsen ist, ist sie nur auf der Abwickelseite anwendbar [54]. Dort bereitet andererseits gerade die Schaltung gemäß Abb. 30a Schwierigkeiten. Sie ist mehr für die Aufwickelseite geeignet.

2.3.4. Konstruktion universeller Bandzugsmesser

Beim Aufbau universeller Bandzugsmesser sind direkt anzeigende und über elektrische Verstärker anzeigende Geräte zu unterscheiden. Bei den Geräten mit Verstärkern ist natürlich eine weitaus geringere Leistung dem Bandlauf zu entnehmen, und die anwendbaren mechano-elektrischen Wandler müssen vor allem auf geringe Wegänderungen ansprechen. Soll dies auch bei den direkt anzeigenden Geräten erreicht werden, so sind beachtliche mechanische Übersetzungen notwendig. Bewährt haben sich die Seilrolle und die Drillfeder zu diesem Zweck. Die Drillfeder wird üblicherweise für Feinmeßzwecke benutzt und gestattet dabei Längenänderungen um 1 µm unmittelbar anzuzeigen. Sie wird mit Empfindlichkeiten um 3 und 15 Grad je Pond gefertigt und ist bis zu mindestens 360° benutzbar. Ihre Anwendung bietet also hier große Vorteile.

Ein anderes Problem der universell einsetzbaren Bandzugsmesser besteht in der unterschiedlichen Breite der Magnetbänder. Ist das Meßsystem z. B.

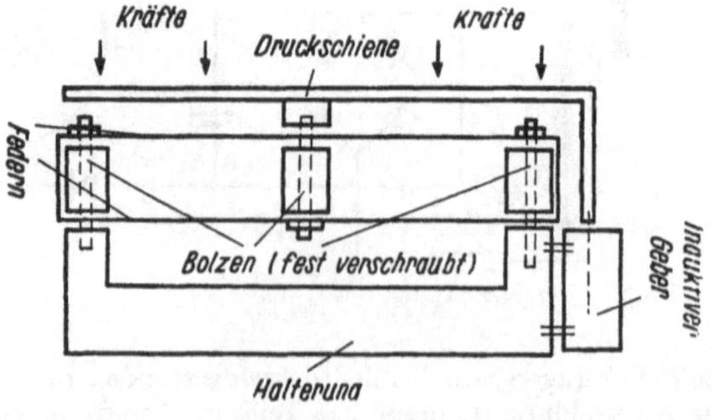

Abb. 31. Federsystem für eine Bandzugswaage bei unterschiedlich breiten Magnetbändern

für eine Breite von 50 mm ausgelegt, so darf es keinen Einfluß haben, wo ein nur 6,25 mm breites Magnetband einwirkt. Hierzu ist eine möglichst exakte Parallelführung notwendig. Von GRÄFE wurde hierzu eine Federanordnung nach Abb. 31 mit Erfolg verwendet [55]. Zwei lange Federn sind an drei Stellen durch Bolzen sehr fest miteinander verschraubt, die beiden Endbolzen in der Feder führen zur Halterung, die auch den induktiven Geber trägt. Der Mittelbolzen trägt die Druckschiene und den Stift des induktiven Gebers. Bei guter Justage ist die Biegesteife in Druckrichtung wesentlich geringer als senkrecht dazu. In mehreren ausgeführten Systemen von 50 mm Länge beträgt der Fehler zwischen Belastung an der oberen und unteren Kante gegenüber der Mitte nur 5%. Durch unsymmetrische Verlagerung des mittleren Bolzens kann der Fehler zwischen den wahrscheinlichen Belastungen in der Mitte und am unteren Ende weiter reduziert werden. Allerdings wird er dann für das obere Ende größer.

2.4. Führungs- und Kontaktprobleme

Die Hauptaufgabe des Transportwerkes ist es, das Magnetband unter möglichst genau definierten Bedingungen an den Magnetköpfen vorbeizubewegen. Neben dem Bandzug und der Bandgeschwindigkeit sind vor allem die Relationen bezüglich der Orte und Winkel von Magnetkopf und Magnetband entscheidend. Dabei sind drei Gruppen zu unterscheiden:

1. Führung des Bandes,
2. Justage der Magnetköpfe,
3. Kontakt zwischen Magnetband und -kopf.

Unter Gruppe 1 können sinnvollerweise zugleich jene Führungsprobleme behandelt werden, die zur Qualität der Band-Wickel beitragen, während unter Gruppe 3 auch Anordnungen zur Schonung von Magnetband und -kopf fallen.

2.4.1. Führung des Magnetbandes

Gründe der Führung

Die Führung des Bandes gegenüber dem Magnetkopf hat in zwei Richtungen zu erfolgen: Einmal bezüglich der Höhe über und zum anderen möglichst parallel zu dem Transportwerkchassis.

Die Höhenführung ist besonders kritisch, wenn das Magnetband sehr schmale Spuren in Längsrichtung trägt oder tragen soll. Verschiebt sich die Lage des Bandes um die halbe Spurhöhe, so beträgt der Verlust 50% (6 dB). Für Spurhöhen von etwa 0,2 mm wird damit bereits die heutige mögliche Schneidetoleranz der Magnetbänder erreicht.

Die parallele Führung wird vor allem bei kurzen Wellenlängen und großer Spurhöhe h kritisch. Der bei der Wiedergabe auftretende Dämpfungsfaktor beträgt nämlich

$$D_p = \frac{\sin x}{x}, \tag{43}$$

wobei x wesentlich vom Winkelfehler α gegenüber dem Aufzeichnungskopf abhängt [56].

$$x = \frac{\pi}{h} \tan \alpha . \tag{44}$$

Für eine noch relativ große Wellenlänge von 19 μm genügen bei Vollspuraufzeichnung bereits Fehler von etwa 6 Winkelminuten, um einen Verlust von rund 50% hervorzurufen. Deswegen wird häufig eine Genauigkeit von $\pm 1'$ gefordert. Hier liegen aber auch etwa die heutigen Meßgrenzen. Da der Trend zur Mehr- und Vielspurtechnik geht, wird die parallele Führung (h steht im Zähler von Gl. 44) bezüglich einer Spur dann wieder etwas unkritischer. Dafür wird aber der Zeitfehler zwischen den einzelnen Spuren sehr störend (vgl. Abschnitt 2.8.5). Die Führung des Bandes bei der Aufwicklung wurde z. T. bereits beim Bandzug behandelt. In diesem Zusammenhang kommt es vor allem darauf an, daß der Wickel glatte Stirnseiten erhält und nicht einzelne Windungen herausragen. Wird langsam gewickelt, so ist dies meist erfüllt. Dagegen bewirkt beim schnellen Umspulen die herauszupressende Luft Instabilitäten. Je nach Qualität und Eigenschaften des Bandes scheint hier 10 m/s eine Grenze darzustellen.

Ursachen mangelhafter Führung

Fast alle Ursachen einer mangelhaften Bandführung lassen sich auf Eigenschaften der Magnetbänder, ihre Toleranzen und Fehler zurückführen.

Bei den Eigenschaften der Bänder stört vor allem die plastische Dehnung. Sie kann dazu führen, daß ein Magnetband einseitig stärker gedehnt wird. Dies tritt vor allem bei den Stoßbelastungen während des Startens und Stoppens auf. Aber auch die Belastungen im Antriebssystem, z. B. bei mangelhafter Justage, können Ursache hierfür sein. An diesen Verformungen sind also auch maßgeblich die Eigenschaften des Transportwerkes beteiligt. Ganz ähnliche Verhältnisse treten schon bei der Herstellung und Konfektionierung der Magnetbänder auf, nur kommt noch die Qualität der Schneidemaschinen, insbesondere der Zustand ihrer Messer, hinzu. Wegen der möglichen plastischen Verformung vertraten die Rundfunkanstalten lange Zeit die Meinung, daß Bänder mit Acetatunterlage vorteilhaft seien. Sie reißen nämlich meist, bevor eine Dehnung auftritt.

Bei den mechanischen Toleranzen der Magnetbänder stören vor allem die Schwankungen ihrer Breite. Sie sind fast ausschließlich durch die Qualität, Konstruktion und Technologie der Schneideeinrichtungen bestimmt. Heute werden etwa Werte um ein Zehntel Millimeter beherrscht. Daß hierbei die Magnetbandfirmen ihre Bahnen möglichst vollständig ausnutzen wollen und dementsprechend die Toleranzen festlegen, zeigt die zeitliche Entwicklung. Vor 1945 war das normale Magnetband 6,5 mm breit. Durch den Einfluß der angelsächsischen Länder ging es auf das genormte Maß 6,35 mm (1/4 Zoll) zurück. Heute sind $6{,}25^{+0}_{-0,1}$ genormt. Infolge dieser Toleranzen kann ein exakt gerades und gut geführtes Bandstück von 40 cm Länge bereits einen Fehler von einer Winkelminute annehmen.

Den Hauptanteil der Störungen bewirken verschiedene Fehler, vor allem die Verdehnung der Magnetbänder. Sie sind am besten dadurch festzustellen, indem ein Bandstück frei ausgehängt oder ausgelegt wird. Die säbelförmige Verzerrung ist dabei fast immer zu erkennen. Durch sie wird eine exakte Höhen- und Parallelführung zwischen zwei Führungsstellen nicht mehr möglich.

Beim Aushängen eines Bandes zeigt sich aber auch häufig, daß es zur Torsion oder Hohlkrümmung neigt. Wenngleich diese Fehler auch nicht direkt die Führung des Bandes beeinflussen, so wirken sie sich aber andersartig störend aus und geben vielfach Anlaß zur späteren einseitigen oder unregelmäßigen Dehnung des Magnetbandes.

Konstruktive Lösungen zur Führung

Die Führung des Magnetbandes erfolgt meist durch Rollen oder Stifte, die Einstiche in der Nennbreite des Magnetbandes enthalten. Damit beim Starten keine Fehler entstehen können, wird das Band sehr dicht über dem Chassis geführt oder die Rolle erhält eine schräge Fläche, auf der das Band hochgleiten kann (Abb. 32). Zuweilen ist diese Auflauffläche aber auch fest auf dem Chassis um die Rolle montiert.

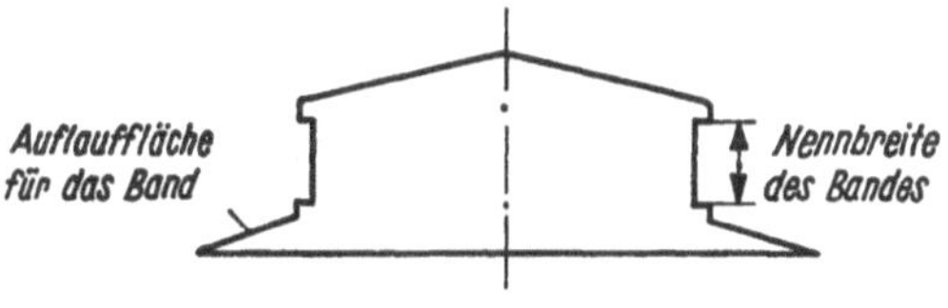

Abb. 32. Führungsrolle mit Auflauffläche für das Magnetband

Die Führungseigenschaften einer Rolle sind um so besser, je größer ihr Durchmesser ist und je weiter sie vom Band umschlungen wird. Bei stark säbelförmig verzerrtem Band kann eine solche Führung aber auch geradezu unmöglich werden.

Während bei den mitlaufenden Rollen das Band langsam und tangential in die Führungsrille eingleitet, wird es in die Führungsstifte mehr gewalttätig hineingezogen. Hierbei werden die Schnittkanten des Bandes beansprucht. Eine Berührung der Rück- bzw. Schichtseite ist dafür jedoch durch Abstand gegenüber dem Grund des Stiftes vollständig vermeidbar. Ein weiterer Vorteil der Führungsstifte liegt in ihrer sehr viel billigeren Herstellung.

Im allgemeinen ist es üblich, den Magnetkopf rechts und links mit je einer doppelseitigen Führung zu umgeben. Telefunken hat dagegen die sogenannte Dreipunktführung vorgeschlagen [4] (Abb. 33).

Insgesamt besteht zur Zeit wohl keine allgemein befriedigende Lösung und was noch mehr zu betonen ist, keine Meßmethode für die Qualität der Führung. Andeutungen hierzu enthält [56].

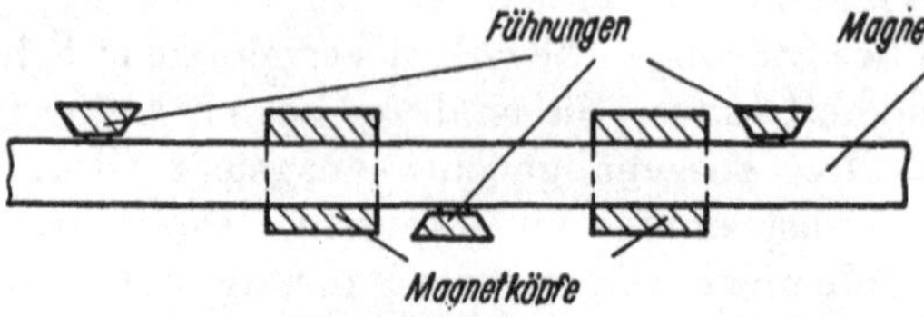

Abb. 33. Dreipunktführung für Magnetbänder

Methode annähernd exakter Bandführung

Im Labor hat sich eine spezielle Anordnung zur Führung hervorragend bewährt [57]. Hierbei wird das Magnetband um 90° verdreht (Abb. 34). Dadurch sinkt seine Quersteifigkeit beträchtlich. Die Führung kann so unmittelbar am Kopf auf eine Bandkante bezogen erfolgen. Diese Bandkante wird so zur Bezugslinie. Theoretisch müßte hiermit selbst bei fehlerhaftem Band eine einwandfreie Führung vorhanden sein. Nachteilig ist jedoch die erhöhte Zugbeanspruchung des Bandes zu den Kanten hin. Durch die Verdrehung des Bandes herrscht dort der Hauptanteil des Bandzuges.

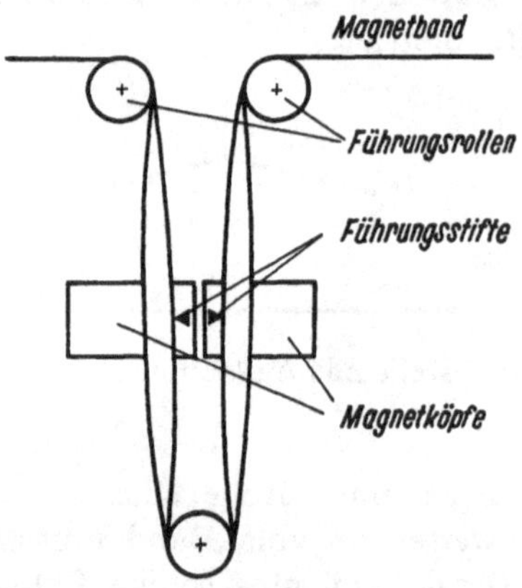

Abb. 34. Führung durch Verdrehung des Magnetbandes

Die Breite des Bandes sei h und L die Länge, bei der das Band um 180° verdreht wird. Für den Bandzug P_v, der nötig ist, damit die Mitte des Bandes noch nicht gestaucht wird, gilt mit dem Elastizitätsmodul E und dem Querschnitt q dann:

$$P_v = \frac{E\, q\, \pi^2 h^2}{48\, L^2}. \tag{45}$$

Dabei wird das Band an den Kanten um die Länge

$$\Delta x = \frac{\pi^2}{16}\left(\frac{h}{L}\right)^2 \tag{46}$$

gedehnt. Für ein 6,25 mm breites Band und eine Kantendehnung von 10^{-3} beträgt die 180°-Länge etwa 30 cm. Die Vorspannzüge liegen dabei in derselben Größenordnung wie die üblichen Bandzüge. Aus der relativ großen Länge erklärt sich, daß dieses Verfahren trotz beachtlicher Vorteile nur im Labor anwendbar ist.

2.4.2. Justage der Magnetköpfe

Eine Justage der Magnetköpfe kann aus zweierlei Gründen notwendig sein. Sollen die Aufzeichnungen nur auf einem speziellen Gerät wiedergegeben werden, so müssen die Spaltlagen des Aufzeichnungs- und Wiedergabekopfes gut übereinstimmen. Weichen sie untereinander in dem Winkel zum Chassis ab, so treten Verluste bei hohen Frequenzen auf. Bei der Mehrspuraufzeichnung kann durch unterschiedliche Höhe gegenüber dem Chassis ein Übersprechen von verschiedenen Spuren auftreten.

Sollen die Aufzeichnungen auf verschiedenen Geräten wiedergegeben werden, so müssen bezüglich Spurlage und Spaltrichtung allgemeine Festlegungen existieren, die dann für den Aufzeichnungs- und Wiedergabekopf gleichzeitig einzuhalten sind.

Für die Löschköpfe gelten die genannten Forderungen fast nur für die Spurhöhe. Lediglich bei sehr schief stehendem Löschkopf können Streufelder, die nicht vom Arbeitsspalt ausgehen, unbeabsichtigte Effekte bewirken. Deswegen müssen Löschköpfe grob im Winkel justiert sein.

Neben der Höhe und dem Winkel zur Bandlaufrichtung (bisher Parallelität zum Chassis) ist ein Magnetkopf noch in einer dritten Richtung justierbar, nämlich so, daß die Ebene des Spiegels senkrecht zum Chassis steht. Abweichungen hiervon bewirken eine zusätzliche und einseitige Belastung der Führungselemente, Auswandern des Bandes vor dem Magnetkopf und eventuell einseitige Dehnung des Bandes. In Anbetracht der dabei schon genannten Probleme sollte aber auch hier der Fehler nicht zu groß werden. Für die Justage in dieser Richtung genügt es meist, die Rechtwinkligkeit mit einfachen Methoden zu überprüfen. Es ist möglich, alle Führungselemente in Kopfnähe zu entfernen um das ,,Tanzen" bzw. Auswandern des Bandes auf dem Kopfspiegel zu beobachten.

Lage relativ zur Spur

Für die Einstellung der richtigen Spurhöhe gibt es drei Methoden, die auf

1. optischen Mitteln,
2. Sichtbarmachung einer Aufzeichnung,
3. Anwendung spezieller Prüfbänder

beruhen. Bei der ersten Methode wird mit einem Mikroskop (in einfachen Fällen mit einer Schiebelehre) die Höhe einer Bandkante vor dem Kopf mit der Lage der Kernpakete des Magnetkopfes verglichen.

Bei der zweiten Methode erfolgt die Messung direkt und ausschließlich am Band. Sie ist daher unmittelbarer und zuweilen auch genauer durchführbar. Hierbei ist wertvoll, daß Aufzeichnungen grundsätzlich auch mit Lösch- und Wiedergabeköpfen möglich sind. Sie müssen dazu nur mit entsprechenden Strömen betrieben werden. Für die Justage von Löschköpfen ist es jedoch günstiger, zunächst ein Magnetband mittels Dauermagneten gleichzumagnetisieren. Die Löschung entfernt diese Aufzeichnung dann deutlich sichtbar in der jeweiligen Spur. Für den „Magnetic tape viewer" ist dabei von Vorteil, daß bei der Gleichmagnetisierung auch die Bandkanten deutlich erkennbar sind.

Die dritte Methode setzt spezielle Meßbänder voraus. Für ihre Aufzeichnung ist eine spezielle Meßapparatur notwendig, die nach den Methoden 1 oder 2 sehr genau eingestellt ist. Dadurch ist sie eine sekundäre Methode. Die zu justierenden Magnetköpfe werden mit diesen Bändern so eingestellt, daß ein bestimmtes Signal ein Maximum oder Minimum annimmt.

Hierbei ist wertvoll, daß auch Lösch- und Aufzeichnungsköpfe als Wiedergabeköpfe meßbare Signale abgeben. Meist werden die Meßbänder so angefertigt, daß die richtige Spurlage zu einem Nullabgleich (Minimum) und nicht zu einem Maximum führt. Dies kann dadurch erreicht werden, daß die Meßspur gemäß Abb. 35 periodisch um einen gewissen Betrag nach oben und unten versetzt wird. Der Magnetkopf ist dann richtig eingestellt, wenn diese Periodizität der Wiedergabeamplitude verschwindet.

Abb. 35. Sonderaufzeichnung zur leichten Justage der Spurhöhe von Magnetköpfen

Winkel der Spaltstellung

Zum Austausch von Magnetbändern ist die Spaltlage auf wenige Winkelminuten genau einzuhalten. Sie ist der Norm nach senkrecht zur Bandkante festgelegt. Für die Bestimmung der Fehleinstellung bzw. die richtige Justage der Köpfe stehen vier Methoden zur Verfügung, die weitgehend der Einstellung der Spurhöhe entsprechen, jedoch größere Forderungen an die Meßgenauigkeit stellen:

1. optische Hilfsmittel,
2. Umschlagmethode,
3. Sichtbarmachung einer Aufzeichnung,
4. Anwendung spezieller Prüfbänder.

In [56] und [58] wird sehr ausführlich eine sehr genaue optische Methode beschrieben, die zugleich zur Herstellung von Prüfbändern dient. Mit ihr sind Fehler bis herab zu einer Winkelminute reproduzierbar über Jahre zu erreichen. Weiterhin wird die optische Methode auch in [4] beschrieben.

Die Umschlagmethode benutzt sehr dünne Bänder und gibt sie von der Vorder- und Rückseite wieder. Nur mit dieser Methode ist ohne Normal die richtige Spalteinstellung direkt feststellbar. Sie erfordert dafür trotz ihrer Eleganz einen beträchtlichen Meßaufwand [58].

Konstruktionen zur Kopfjustage

Ein jeder Magnetkopf ist prinzipiell in drei Richtungen einzustellen. Hierbei sind vor allem fertigungstechnische Toleranzen des Spaltes gegenüber dem Gehäuse zu kompensieren. Die Richtung des Kopfspiegels gegenüber dem Chassis wird nur ganz selten bewußt beeinflußt. Ebenso hat bei der Vollspuraufzeichnung die Höhe des Kopfes keinen besonderen Einfluß. Daher wird bei den meisten Verfahren nur die Spaltneigung verstellt. Hierbei sind zwei Lösungen vorherrschend.

Der Kopf wird mit einer zentralen Befestigung über eine Scheibe mit nichtparallelen Stirnflächen (Abb. 36a) befestigt. Durch Verdrehen dieser Scheibe gelingt eine Verstellung der Spaltlage, die dabei auftretende Verstellung des Spiegelwinkels stört meist nicht. Diese Methode wird heute kaum mehr angewendet.

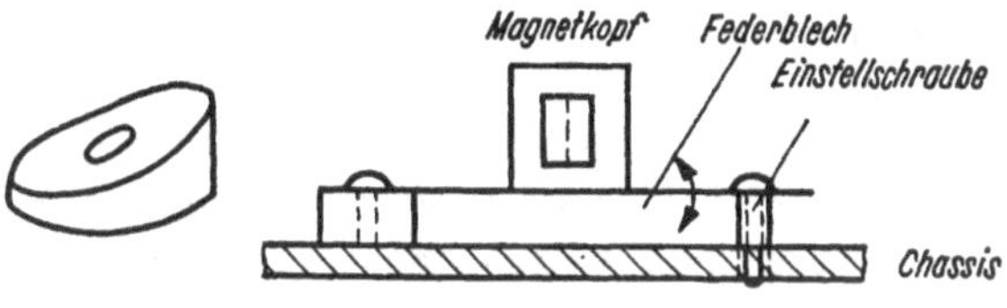

Abb. 36. Spaltjustage bei Magnetköpfen durch eine schiefe Scheibe a) oder ein Federblech b)

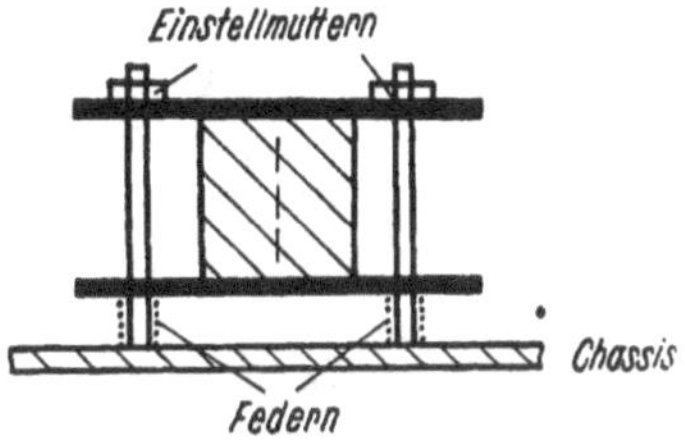

Abb. 37. Höheneinstellung für einen Löschkopf

Im anderen Fall wird der Magnetkopf auf ein federndes Blech gesetzt, dessen Höhe auf dem Chassis einseitig verstellbar ist (Abb. 36b). Die hiermit verbundene Höhenänderung des Kopfes muß vernachlässigbar bleiben.

Sobald die Spurhöhe zusätzlich einstellbar sein muß, werden die Konstruktionen komplizierter. Sofern die Spaltneigung unwesentlich ist (dies gilt für Löschköpfe), erweist sich die Anordnung nach Abb. 37 als brauchbar. Der Magnetkopf befindet sich zwischen zwei Halteblechen und wird damit auf zwei Bolzen gesteckt. Die Höhe wird über Federdruck mit zwei Muttern eingestellt. Eine Anordnung zur bequemen und getrennten, wenn auch nicht unabhängigen Höhen- und Spaltneigungsverstellung stammt von Grundig [59]. Sie hat den Vorteil, daß beide Einstellungen von oben erfolgen können (Abb. 38).

Vielfach wird auch der Einstellwinkel durch eine zentrale Spitzenlagerung von unten ersetzt. Dann ist es leicht möglich, den Magnetkopf in alle drei Richtungen zu verstellen (Abb. 39).

Für Meßzwecke werden noch weitaus kompliziertere und vor allem stabilere Konstruktionen entwickelt. Sie führen hier jedoch zu weit ins Detail. Es sei aber erwähnt, daß es in der Studiotechnik üblich ist, alle Magnetköpfe in einem sehr stabilen Kopfträger zusammenzufassen, wo sie gut justierbar sind. Dieser

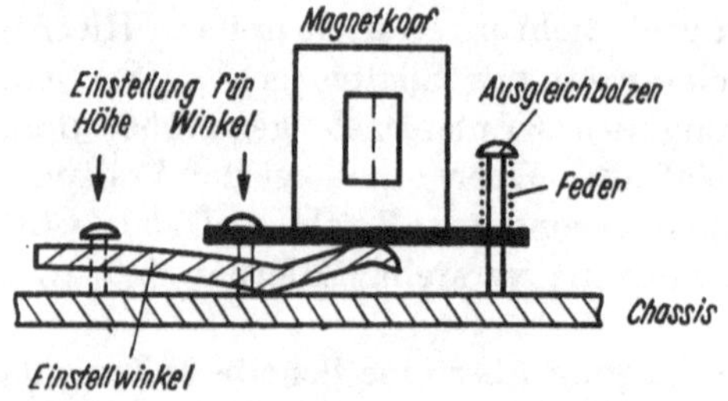

Abb. 38. Konstruktion einer vorteilhaften Höhen- und Winkeleinstellung [59]

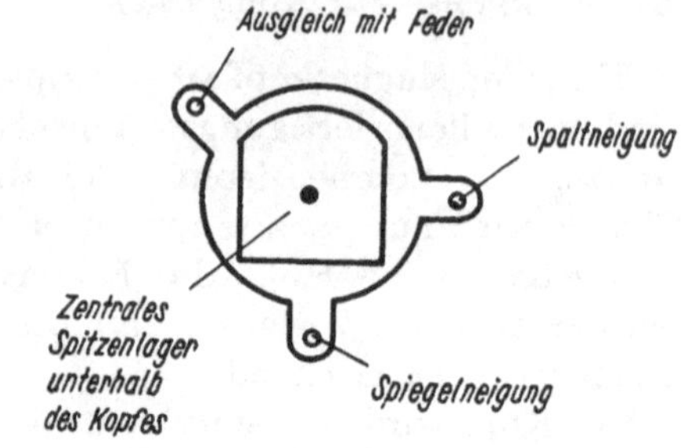

Abb. 39. Anordnung zur Justage eines Kopfes in drei Richtungen

Abb. 40. Zum Bandumschlingungswinkel

Kopfträger ist dann ein Baustein der Geräte und schnell auswechselbar [4], [6]. Bei den Meßwert- und Digitalspeichergeräten ist die Grundfläche der Magnetköpfe fast immer so genau bearbeitet, daß durch sie die Magnetköpfe ohne zusätzliche Justage sofort auf dem Chassis exakt zu befestigen sind.

2.4.3. Band-Kopf-Kontakt

Das Magnetband muß vor den Magnetköpfen einen definierten Abstand besitzen oder sie zum innigen Kontakt berühren. Für den guten Band-Kopf-Kontakt hat der Umschlingungswinkel des Magnetbandes einen beachtlichen Einfluß (Abb. 40). Einmal wird durch ihn die Lage des Arbeitsspaltes in der Berührungsfläche weniger kritisch. Es entfällt eine Justage, die oben ohnehin noch nicht erwähnt wurde. Zum anderen beeinflußt dieser Umschlingungswinkel auch das Übertragungsmaß des Wiedergabekopfes bei tiefen Frequenzen. Schließlich hängt von ihm auch die Abnutzung des Kopfes ab.

Je nach dem Umschlingungswinkel wirkt sich der Bandzug nur mehr oder weniger teilweise als Druck auf den Kopf aus. Um den Kopfkontakt zu verbessern, wird das Band besonders bei Heimtongeräten mit Filz oder Kunststofffasern direkt auf den Kopfspalt gedrückt. Auch eine mitlaufende Filzrolle wurde bereits angewendet. Bei den Studiogeräten ist es üblich, bei der Wiedergabe das Magnetband zur Schonung von dem Aufzeichnungs- und Löschkopf abzuheben.

2.5. Rangieren des Magnetbandes

Nach Abschnitt 1.5 des ersten Bandes dieser Reihe ist es notwendig und auch technisch möglich, eine bestimmte Information besonders schnell zugänglich zu machen. Hierfür muß vor allem ihr Speicherort bekannt und über einen besonderen Weg erreichbar sein. Beim klassischen Magnetbandgerät ist dies praktisch nur möglich, indem das Magnetband besonders schnell so bewegt und dann gebremst wird, daß sich die gewünschte Stelle zumindest annähernd vor dem Magnetkopf befindet. Hierzu sind große positive und negative Beschleunigungen notwendig.

Da das Magnetband bis auf vernachlässigbare Ausnahmen als Spule oder als Wickel aufbewahrt wird, ist es nach der Wiedergabe oder Aufzeichnung zurückzuspulen. Auch hierzu sind wieder große positive und negative Beschleunigungen notwendig.

In beiden Fällen dürfen die Beschleunigungen einerseits eine gewisse obere Grenze nicht überschreiten, weil sonst das Band gedehnt würde oder gar reißen könnte. Es darf aber auch der Bandzug keine negativen Werte annehmen. Dann entstünden nämlich Bandschlaufen, oder das Band löst sich vom Wickel und fällt herab. Beides ist besonders gefährlich bei erneuter Bewegung. So kann das Band unter die Wickelteller oder Spulen gelangen und dort zerknittern oder zerreißen. Es kann aber auch unkontrolliert die Führungselemente verlassen und dabei Schaden erleiden. Auf die notwendige Stabilität der Wickel gegenüber diesen Beschleunigungen wurde bereits in Abschnitt 2.1.2 (S. 66 aus [43]) hingewiesen.

Auch in der Haltestellung des Transportwerkes ist ein gewisser Bandzug anzustreben. Zumindest sollten aber die Bandteller bzw. -spulen so stark gebremst sein, daß sich das Band nicht abwickeln kann. Diese Standbremsung wirkt sich auch äußerst vorteilhaft aus, wenn Magnetbänder zu wechseln sind.

Zu all diesen Problemen existiert bisher wohl nur eine Arbeit über den Bremsvorgang beim Umwickeln [60]. Gewisse Ergebnisse können noch aus einer Arbeit über Haspelantriebe bei Walzwerken und dgl. übernommen werden [61].

2.5.1. Einfluß der Trägheitsmomente

Gemäß Abb. 41 sollen die Bandwickel mit den Radien r_1 und r_2 über das Magnetband, das sich mit der Geschwindigkeit v bewegt, fest verbunden sein. Die Trägheitsmomente setzen sich aus den Trägheitsmomenten der leeren Spulen oder Teller und Motoren oder Antriebssysteme Θ_{01} bzw. Θ_{02} sowie dem jeweils vorhandenen Bandvorrat zusammen. Beginnt der Wickelradius des Bandes bei r_{01} bzw. r_{02}, so gilt für die Trägheitsmomente

$$\Theta_1 = \Theta_{01} + \frac{\varrho \pi b}{2} (r_1^4 - r_{01}^4) , \tag{47 a}$$

$$\Theta_2 = \Theta_{02} + \frac{\varrho \pi b}{2} (r_2^4 - r_{02}^4) . \tag{47 b}$$

Darin ist b die Breite, und die Dichte ϱ des Magnetbandes beträgt etwa $1{,}4 \cdot 10^{-3}$ g s² cm⁻⁴ [55].

Die Beschleunigung des Magnetbandes erfolge durch die Drehmomente M_1 und M_2. Zwischen der Geschwindigkeit v und der Winkeländerung $d\varphi/dt$ besteht die Relation

$$v = \frac{d\varphi_n}{dt} r_n \quad \text{mit} \quad n = 1{,}2\,. \tag{48}$$

Der rechte Wickel ruft dann an einer fiktiven Trennstelle T des Bandes den Zug

$$P = \frac{M_2}{r_2} - \frac{\Theta_2}{r_2^2}\frac{dv}{dt} \tag{49}$$

hervor. Da die beiden Wickel stets über einen positiven Bandzug verbunden sein sollen, gilt für das gesamte System auch die NEWTONsche Gleichung

$$\left(\frac{\Theta_1}{r_1^2} + \frac{\Theta_2}{r_2^2}\right)\frac{dv}{dt} = \frac{M_1}{r_1} + \frac{M_2}{r_2}\,. \tag{50}$$

Wirkt ein Drehmoment gegen die Bewegung (M_1 in Abb. 41), so wird sein zugehöriger Wert negativ.

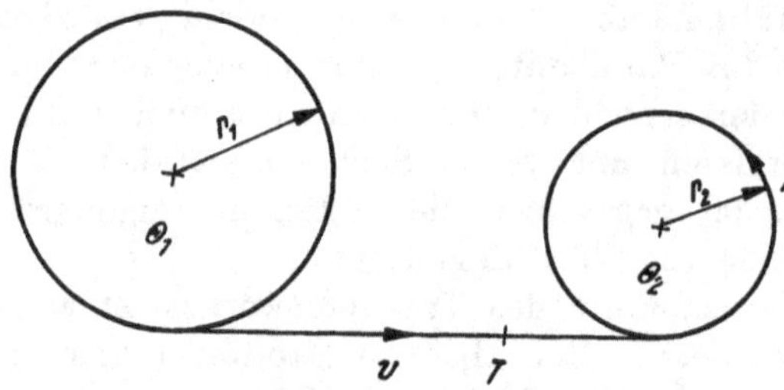

Abb. 41. Zur Ableitung der Einflüsse von Trägheitsmomenten beim Rangieren und Bremsen eines Bandes

Aus der Kombination von Gl. (49) und (50) sind alle interessierenden Werte unmittelbar ableitbar, sofern die betrachtete Zeit so kurz ist, daß die Radien sich nicht ändern. Dies ist für fast alle Brems- und Startprobleme erfüllt. Andernfalls ist es günstig, von einer vollen Spule auf dem rechten Teller mit dem Radius R auszugehen. Dann ist die Relation

$$R^2 - r_1^2 = r_2^2 - r_{02}^2 \tag{51}$$

und Gl. (47) zusätzlich zu berücksichtigen.

2.5.2. Bandzüge beim Rangieren

Aus Gl. (49) und (50) folgt für den Bandzug

$$P = \frac{M_2 r_2 \Theta_1 - M_1 r_1 \Theta_2}{r_2^2 \Theta_1 + r_1^2 \Theta_2}\,. \tag{52}$$

Dieser Zusammenhang läßt deutlich die Grenzen für den notwendigen positiven Bandzug erkennen. Beim Starten wird dies immer automatisch erfüllt sein, da dann M_2 positiv und M_1 negativ sein wird. Beim Bremsen wirken meist beide Momente der Bewegung entgegen. Nur so wird eine kurze Bremszeit erreicht. Da also beide Momente negativ sind, muß für einen positiven Bandzug gelten

$$|M_1|\, r_1\, \Theta_2 \geqq |M_2|\, r_2\, \Theta_1 \,. \tag{53}$$

Diese Bedingung ist leicht durch ein hinreichend großes M_1 realisierbar. Für die Praxis genügt sogar ein festes Verhältnis zwischen M_1 und M_2 (Abb. 42) [60]. In [60] wird auch gezeigt, daß für geschwindigkeitsabhängige Bremsung (Wirbelstrombremse) weniger günstige Verhältnisse auftreten. Dabei nimmt der Bandzug bei kleinen Radien erheblich mehr zu. Da aber die Wirbelstrombremse verschleißfrei arbeitet, ist sie andererseits viel weniger störanfällig.

Für den Umwickelvorgang ist aus Gl. (52) der statische Bandzug

$$P_{\text{sta}} = -\frac{M_1}{r_2} \tag{54}$$

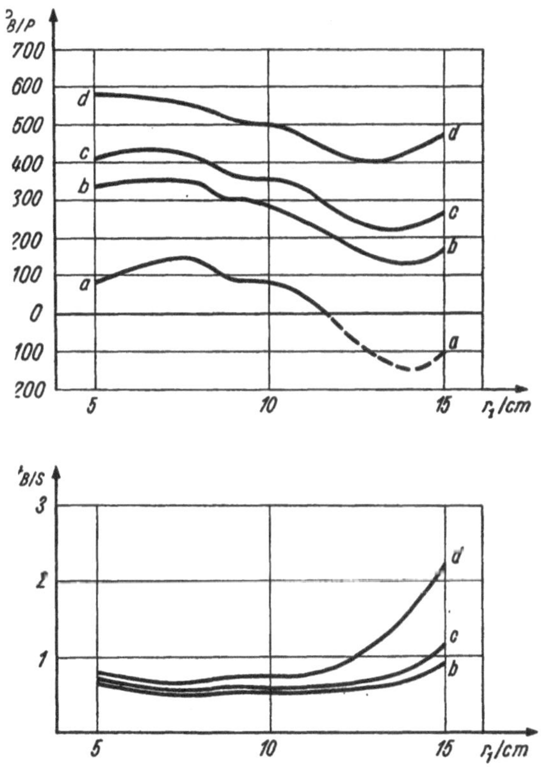

Abb. 42. Bandzugverlauf (oben) und Bremszeit (unten) bei zeitlich konstanten Bremsmomenten. Das Magnetband befindet sich auf einem Kern von 15 cm Radius und wird während des Umspulens mit 10 m/s auf Null abgebremst. Die Breite des Bandes betrug 6,25 mm, seine Dichte $1{,}4 \cdot 10^{-3}$ g s² cm⁻⁴. Das Bremsmoment M_{01} beträgt immer 10000 cm g. M_{D2} ist in Kurve a gleich M_{01}, in Kurve b 1/2 M_{01}, in Kurve c 1/3 M_{01} und in Kurve 4 gleich Null

herauszuziehen. Dann gilt

$$P = P_{\text{sta}} + \frac{\frac{M_2}{r_2} - P_{\text{sta}}}{1 + \left(\frac{r_1}{r_2}\right)^2 \frac{\Theta_2}{\Theta_1}}. \tag{55}$$

Durch die Beschleunigung der Trägheitsmomente entsteht also ein Zusatz gegenüber Abschnitt 2.3.2 (S. 68), der auch das Aufwickelmoment M_2 enthält. Lediglich für $\Theta_1 \to 0$ verschwindet wieder dieser Einfluß. Interessant ist, daß nur die Differenz von Antriebs- und Bremszug in das Beschleunigungsverhalten eingeht. Die so entstehende Verzögerung wird in [61] ausgeschaltet, indem während der Beschleunigung das Moment M_2 durch höheren Strom vorübergehend erhöht wird.

2.5.3. Bremszeit

Setzen sich die Bremsmomente aus einem festen Anteil M_{0n} und einem geschwindigkeitsabhängigen Anteil zusammen,

$$\left.\begin{aligned} M_1 &= -M_{01} - C_1 \frac{v}{r_1}, \\ M_2 &= -M_{02} - C_2 \frac{v}{r_2}, \end{aligned}\right\} \tag{56}$$

so folgt für die Bremszeit bei einer Geschwindigkeit v_0 [60]

$$t_B = \frac{\frac{\Theta_1}{r_1^2} + \frac{\Theta_2}{r_2^2}}{\frac{C_1}{r_1} + \frac{C_2}{r_2}} \ln \left(1 + v_0 \frac{\frac{C_1}{r_1^2} + \frac{C_2}{r_2^2}}{\frac{M_{01}}{r_1} + \frac{M_{02}}{r_2}}\right). \tag{57}$$

Wird der geschwindigkeitsabhängige Anteil in Gl. (56) vernachlässigbar klein, so folgt

$$t_B = \frac{\frac{\Theta_1}{r_1^2} + \frac{\Theta_2}{r_2^2}}{\frac{M_{01}}{r_1} + \frac{M_{02}}{r_2}}. \tag{58}$$

Eine Auswertung zeigt Abb. 42b.

2.5.4. Bedienungskomfort

Im allgemeinen hat sich heute die Tastensteuerung der Magnetbandgeräte durchgesetzt. Es existieren dann die Tasten Halt, Wiedergabe, Aufzeichnung, Vorlauf und Rücklauf. Da vielfach nicht direkt von einer Betriebsart zur anderen übergegangen werden kann, sind die Tasten meist mechanisch so verriegelt, daß zunächst immer erst Halt zwischenzuschalten ist. Es gibt aber auch Anordnungen, die durch Relais- oder Elektronikschaltungen ohne mechanische Verriegelung arbeiten und automatisch die notwendigen Übergangsfunktionen ausführen.

Zur Bildung guter Wickel beim Umspulen hat es sich als vorteilhaft erwiesen, die Drehmomente bei den Wickelmotoren stetig oder in Stufen gegeneinander zu verstellen. Eine schematische Schaltung zeigt Abb. 43. Hierdurch ist eine optimale Wickelgeschwindigkeit unter allen Bedingungen möglich. So können auch weniger gute Bänder langsam aber sauber umgewickelt werden. Außerdem genügt bei einer solchen Anordnung eine Taste „Umspulen".

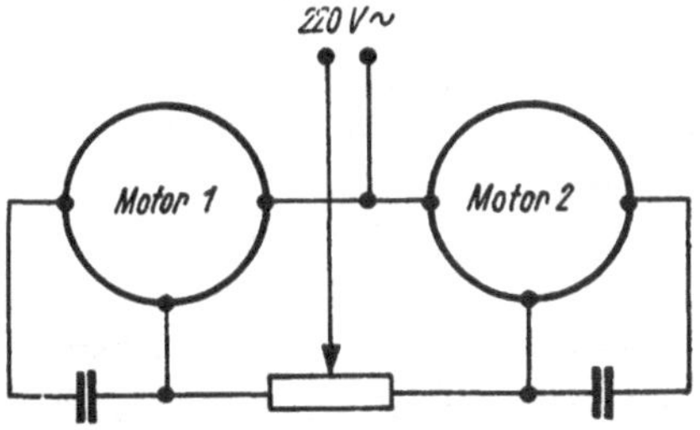

Abb. 43. Prinzipschaltung zum leichten Einstellen der Umwickelgeschwindigkeit beim Rangieren des Bandes

Für das Auffinden einer gewünschten Stelle auf dem Band wird eine Bandlängenanzeige (Banduhr) benötigt. In einfachen Geräten wird sie von einer Wickelachse angetrieben. Bei Studiogeräten erfolgt dagegen immer der genauere Antrieb von einer Führungsrolle. In einigen Fällen so bei den STUDER-Geräten wird die Laufzeit des Bandes dabei direkt in Minuten und Sekunden angezeigt. Durch viele kleine konstruktive Maßnahmen konnte dabei der Fehler unter $\pm 0{,}3\%$ gedrückt werden. Dieser Wert wird selbst bei mehrfachem Vor- und Rücklauf eingehalten.

Bei der Bremsung ist zwischen der Stopp- und Standbremsung zu unterscheiden. Die Stoppbremsung muß so dimensioniert sein, daß beim Umspulen optimale Verhältnisse auftreten. Im Stand ist sie jedoch meist zu stark, deshalb wird zumindest bei elektrischer Bremsung nach einer angemessenen Verzögerungszeit der Bremsstrom erniedrigt. Die Standbremsung muß gerade so stark sein, daß sich die Wickel noch nicht allein bewegen können, während sie andererseits mit den Händen ohne großen Kraftaufwand zu bewegen sind.

In diesem Zusammenhang muß auch die Bandschere erwähnt werden. Sie soll zur exakten Trennung des Magnetbandes an genau definierten Stellen dienen. Bei den Studiogeräten von VOLLMER ist ein Schnitt exakt vor dem Wiedergabespalt möglich. Das Zusammenfügen von Bändern erfolgt am besten in einer speziellen Klebeeinrichtung. Vielfach ist hierzu auf dem Kopfträger eine entsprechend breite Rille eingefräst. Mit dem Übergang vom Acetat- zum Polyesterband wird die feuchte Klebetechnik immer mehr durch das Hinterkleben eines speziellen selbstklebenden Bandes ersetzt.

2.6. Aufbewahrung des Magnetbandvorrates

In der ersten Zeit wurde das Magnetband ausschließlich auf Kerne gewickelt. Im Laufe der Entwicklung wurden diese Kerne erheblich verbessert und außerdem kamen Spulen und viele andere Varianten zur Aufbewahrung des Bandes hinzu. Je nach dem Anwendungszweck und den geforderten technischen Daten ergeben sich so vor allem Vorteile bezüglich der Bedienung, Zuverlässigkeit und Zugriffszeit.

2.6.1. Kerne

Die ersten Kerne für das Magnetband wurden aus Blech tiefgezogen, hatten einen Wickeldurchmesser von rund 70 mm und einen kurzen unteren Flansch zur Auflage. Heute besitzen alle Kerne (für die Schallaufzeichnung) einen Durchmesser von 100 mm und sind im Prinzip nach Abb. 44 geformt [4].

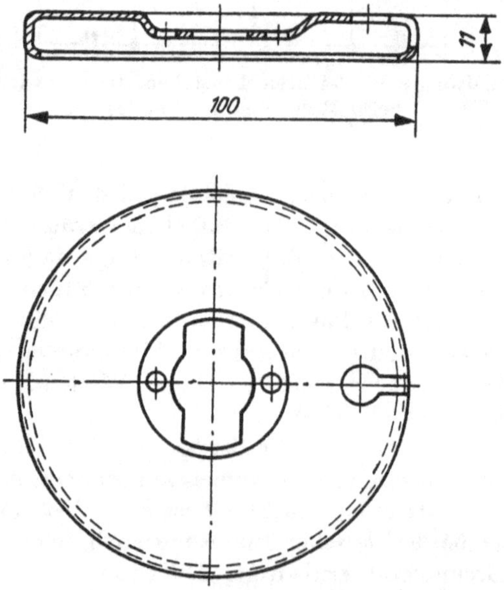

Abb. 44. Genormter Kern für Schallspeichergeräte

Vielfach wird dieser Blechkern durch massives Material ersetzt, das außen für einen möglichst schlagfreien Lauf abgedreht wird. Alle Kerne sind heute so konstruiert, daß im Prinzip Ober- und Unterseite vertauschbar sind. Durch den größeren Durchmesser und die engeren Toleranzen ist es gelungen, die Störeinflüsse der Wickel wesentlich zu reduzieren. Für Sonderzwecke werden zuweilen noch größere Kerne verwendet [56].

Der maximale Wickelradius für das Magnetband wird durch die Abmessungen des Transportwerkes bestimmt. Üblich sind Durchmesser bis zu 30 cm. Dann kann ein 1000 m langes Magnetband normaler Dicke (55 μm) untergebracht werden.

Durch den Übergang zu der niedrigeren Bandgeschwindigkeit von 38,1 cm/s und zum Langspielband entstehen jetzt häufiger Geräte für einen maximalen Wickeldurchmesser von etwa 20 cm. Ein Beispiel hierfür ist das Studiogerät R 700 des Rundfunk- und Fernsehtechnischen Zentralamtes [62].

In der Studiotechnik, das heißt bei häufigem Bandwechsel ist es recht anstrengend, den Knebel zur Verriegelung des Kernes zu betätigen. Aus diesem Grunde erhält das eben genannte Gerät eine automatische Verriegelung [62].

2.6.2. Spulen

Für den Amateur sind auf Kerne gewickelte Bänder nicht ausreichend betriebssicher. Aus denselben Gründen werden sie auch kaum außerhalb von Mitteleuropa benutzt. Durch zwei Flansche kann der Kern zur Spule ergänzt werden. Bei der Amateur- und Heimtontechnik wurde die vorhandene Spule des 8 mm Schmalfilms verwendet (Abb. 45). Sie besteht aus Kunststoff und existiert in der Abmessung von Tabelle 3. In den meisten Fällen wird diese Spule lose, aber verdrehungssicher auf den Dreizack aufgesteckt. Bei Geräten mit kleinen Spulen gibt es auch Konstruktionen, die zur Halterung nur das runde Mittelloch ausnutzen. Bei transportablen Geräten ist noch darauf zu achten, daß die Spulen ähnlich den Kernen gesichert werden können. Hierfür existieren vielfältige Lösungswege.

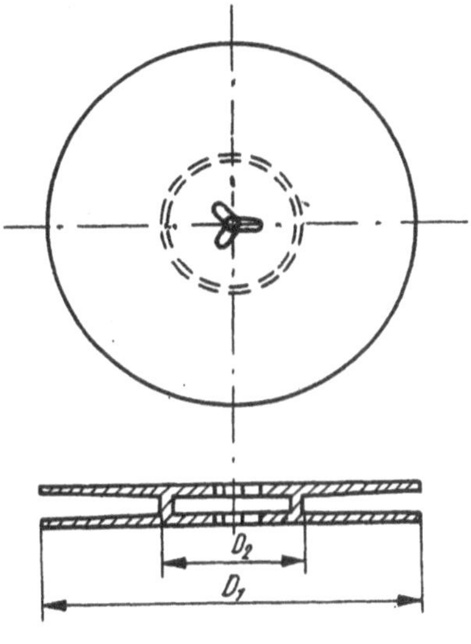

Abb. 45. Übliche Dreizackspule, die vor allem bei Heimtongeräten Anwendung findet. Sie stimmt mit der Filmspule für 8 mm breiten Schmalfilm überein

Tabelle 3
Werte für Dreizackspulen

Nenngröße	7	10	13	15	18	22	25	–
Außendurchmesser D_1	75	100	127	147	178	220	250	mm
Innendurchmesser D_2	45	45	45	60	60	70	70	mm
max. Gewicht	60	60	60	70	80	110	150	g
Bandlänge bei 55 μm dicken Magnetband	50	100	200	250	350	500	700	m
Bandlänge bei 35 μm dickem Band	70	150	270	350	520	750	1000	m

Für die Studiotechnik hat sich die NARTB-Spule eingeführt. Sie ist zerlegbar und besteht aus dem Kern und den beiden Blechflanschen (Abb. 46). Der Kern ist so gestaltet, daß er auch ohne Flansche benutzt werden kann [9]. Die mittlere Öffnung besitzt ca. 80 mm (3 Zoll) Durchmesser und ist damit so groß, daß in sie bequem eine Hand zur Hantierung des Wickels fassen kann. Durch die zerlegbare Konstruktion kann die Spule auch leicht für andere Bandbreiten ausgelegt werden.

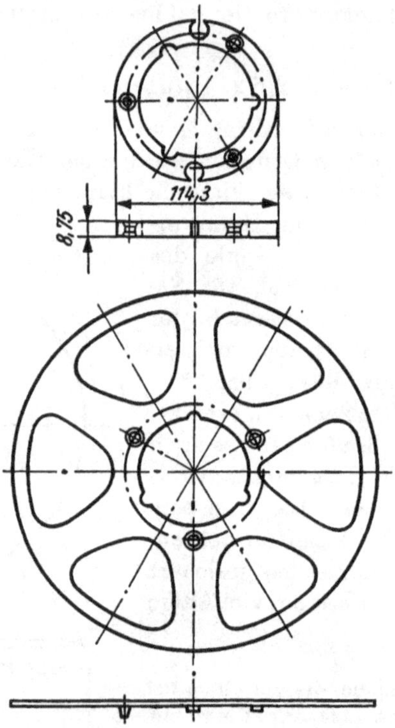

Abb. 46. Kern (a) und Flansche (b) der NARTB-Spule

Im Laufe der Entwicklung konnte die NARTB-Spule nicht mehr den steigenden Forderungen der Digital-Technik gerecht werden und es entstand eine Präzisionsspule, die so beschaffen ist, daß sie grundsätzlich auf alle älteren Geräte paßt. Die Toleranzen werden jedoch wesentlich gesenkt; so ist die Weite zwischen den Flanschen nur noch etwa 0,35 mm (0,015 Zoll) über der Breite des jeweiligen Bandes. Die Flansche sind wesentlich stabiler ausgeführt (Abb. 47) [63]. Sie verjüngen sich außerdem am Ende. Hierdurch soll das Trägheitsmoment der Spule gering gehalten werden. Die Öffnungen in den Flanschen dienen ebenfalls diesem Zweck und lassen außerdem die auf der Spule vorhandene Bandmenge erkennen. Es hat sich ergeben, daß die Durchbrüche in den Flanschen gleichzeitig so etwas wie ein Kennzeichen für den Bandhersteller darstellen. Der Kern der Spule besitzt einen Gummiüberzug, an dem sich das Band automatisch aufwickelt.

Während bei den NARTB-Spulen lediglich der maximale Durchmesser auf 267 mm festgelegt ist, existieren bei den Präzisionsspulen die drei Werte von ca. 20, 27 und 35 cm (8, 10,5 bzw. 14 Zoll).

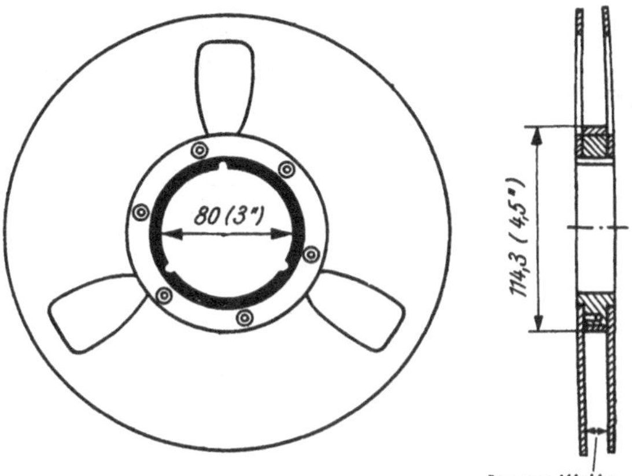

Abb. 47. Präzisionsspule für Digitalspeicher. Sie stellt eine Weiterentwicklung der Spule der Abb. 46 dar

Bei vielen kommerziellen Geräten ist die Aufwickelspule am Gerät fest montiert. Der dadurch bedingte Nachteil, daß stets das Band zurückzuspulen ist, wird durch die höhere Präzision der Befestigung der dann normalen Spulen meist aufgewogen. Außerdem befindet sich dadurch immer jedes Band auf seiner eigenen Spule. Auf ihr sind vielfältige Notizen und Kennzeichnungen möglich. Schließlich kann solche Spule dann auch einen sogenannten Scheibring erhalten, wenn die auf ihr enthaltenen Daten nicht mehr benötigt werden. Ein fehlender Scheibring verhindert automatisch, daß Daten durch Fehlbedienung gelöscht werden [64].

Neben der weiterentwickelten NARTB-Spule wird in der Digitaltechnik immer häufiger die IBM-Spule verwendet. Auf sie erfolgt die Kraftübertragung nicht durch spezielle Nuten oder dergleichen, sondern lediglich durch Kraftschluß, z. B. mittels eines aufspreizbaren Gummiringes. Sie existiert in verschiedenen Materialausführungen, wobei Plaste besonders preiswerte Ausführungen zulassen. Mehr hierzu ist im Band 4 dieser Buchreihe enthalten.

2.6.3. Kassetten

Die Bedienung des üblichen Magnetbandgerätes wird vielfach als immer noch zu kompliziert empfunden. Dies gilt vor allem bezüglich des Bandeinlegens. Andererseits sind aber auch die Wickel zumindest bezüglich der äußeren Lagen instabil. Aus diesem Grunde wurde schon lange nach einer besseren Lösung gesucht. Beispielsweise besaß bereits das Reportergerät „Dora“, welches um 1940 entstand, Kassetten.

Die einfachste Form einer Kassette ist die Einlochkassette (Abb. 48) [65]. Bei ihr befindet sich die Bandspule in einem Schutzgehäuse, das zugleich den Archivkarton ersetzen kann. Dieses Prinzip wird häufig bei Diktiergeräten angewendet. Durch eine automatische Einfädlung wie beim BG 25 entfällt auch das komplizierte Bandeinlegen. Vor dem Bandwechsel ist jedoch stets das Band zurückzuspulen. Eine mehr auf Heimtontechnik entwickelte Anwendung ist in [66] beschrieben.

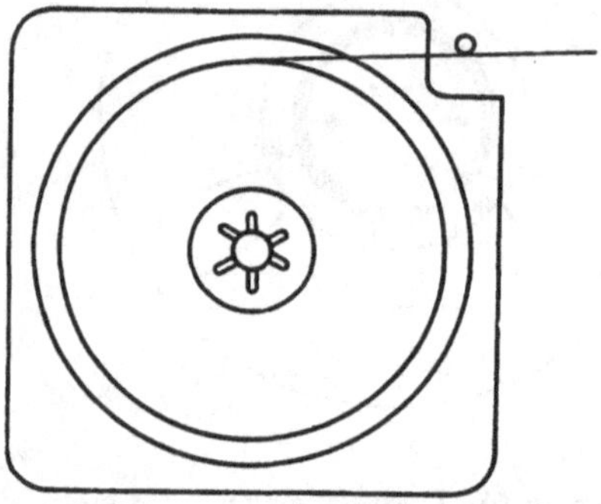

Abb. 48. Einlochkassette, wie sie u. a. bei Diktiergeräten angewendet wird

Zur Vermeidung der o. g. Mängel nehmen andere Kassetten auch die zweite Spule auf. Dabei ergibt sich z. B. eine Form, wie sie Abb. 49 zeigt. Die Kassette ist mit verschiedenen Bändern füllbar. Gegenüber der Einlochkassette besteht der Vorteil, daß sie in jeder Stellung des Bandes abnehmbar und aufsetzbar ist. Es ist dies eine Annäherung an die Schallplatte, bei der zusätzlich jede beliebige Stelle sofort erreichbar ist. Der Nachteil dieser Kassette, die u. a. bei EN3 von Grundig und beim Saba-Mobil angewendet wird, besteht in ihrem recht großen Volumen [65], [67]. Gegenüber der Bandspule ist es mehr als verdoppelt. Schließlich ist auch ihr Preis gegenüber dem Bandpreis nicht zu vernachlässigen.

In der Meßwertespeicherung gibt es noch eine Kassette, bei der beide Spulen übereinander angeordnet sind.

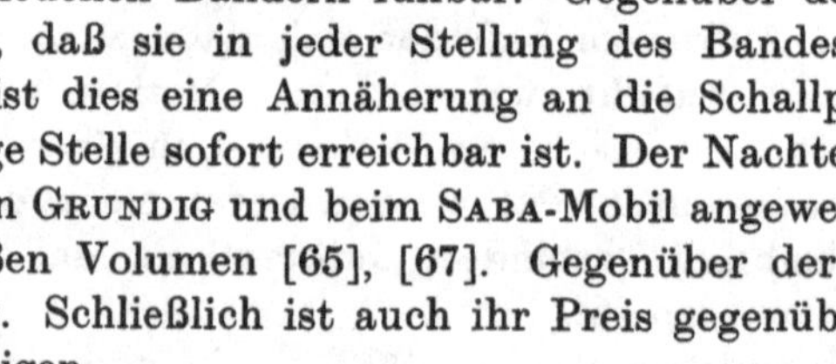

Abb. 49. Prinzipieller Aufbau der Zweilochkassette des Grundig EN 3 und des Sabamobil

Zwei neue Kassettensysteme

Die heute üblich gewordenen und weitverbreiteten Kassetten zeigt im Prinzip Abb. 50. In ihr sind Spulen nicht mehr vorhanden. Dadurch können die Wickelachsen so dicht aneinandergerückt werden, daß sich beide Bandwickel in der ungünstigsten Stellung gerade noch nicht berühren. Hierdurch reduziert sich die Länge der Kassette um ca. 50%. Außerdem ist durch die fehlenden Spulen auch die Höhe etwas geringer. Bei den Kassetten nach Abb. 49 ist es immer noch möglich, das Band in der Kassette selbst zu wechseln. Bei den

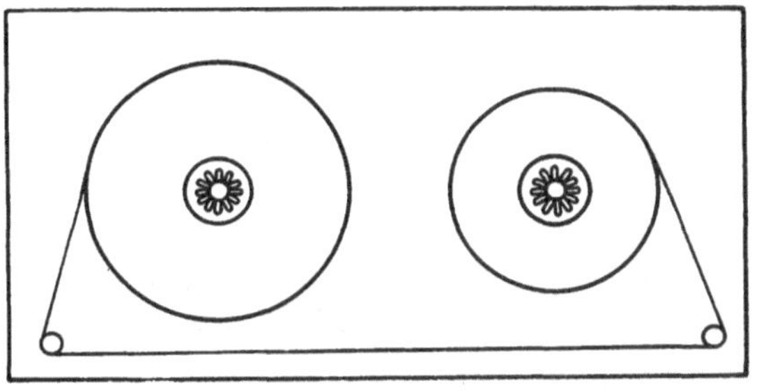

Abb. 50. Prinzipaufbau der neuen Kassetten von Philips und Grundig mit 3,81 mm breitem Magnetband

neuen Kassettentypen besteht diese Möglichkeit nicht mehr. Sehr nachteilig ist, daß etwa gleichzeitig zwei Ausführungen entstanden sind. Ähnlich wie bei den Schallplatten mit 45 und $33^1/_3$ Umdrehungen wird hier im Laufe der Zeit eine Anwendungsentscheidung fallen müssen, falls nicht gar die eine Ausführung die andere ganz verdrängt.

Die Philips-Kassette (Compact-Cassette) besitzt Abmessungen von $10\times 6{,}4 \times 1{,}2$ cm² und die Grundig-Kassette (DC-International) solche von $12\times 7{,}7 \times 1{,}2$ cm³. Beide verwenden zwar dasselbe Spezialband von $3{,}78 \pm 0{,}03$ mm, also max 3,81 mm Breite, sind aber vom Hersteller auf die Geschwindigkeiten 4,75 bzw. 5,08 cm/s festgelegt. Hierbei ergeben sich bei Tripelband in beiden Fällen Spielzeiten von 2×45 Minuten (60 bei Vierfachband) [65], [68] bis [71].

Vergleich von Kassetten und Spulen

Das Hauptaugenmerk für die Kassettentechnik liegt in der leichteren Bedienbarkeit der Magnetbandgeräte. Bei Verwendung einer Spule ist sie aufzustecken, das Bandende richtig in den Spalt einzuschieben, es an der zweiten Spule zu befestigen und alles noch einmal zu kontrollieren. Bei der Kassette genügt dagegen ein sehr einfacher Handgriff: Die Kassette wird fest in die Halterung gedrückt. Dieser Unterschied ist in [65] durch die Photographie einer mitbewegten Lichtquelle für die analoge Schmalfilmkassette dargestellt.

Ein weiterer Vorteil ist, daß die Kassette in jeder Bandstellung eingelegt und entnommen werden kann, daß also das Rückspulen entfällt. Schließlich muß noch erwähnt werden, daß ein Magnetband in einer Kassette sehr gut gegen alle Einflüsse: Staub, Verknittern usw. geschützt ist.

So vielfältige Vorteile bringen natürlich auch Nachteile mit. Eine Kassette erfordert stets höhere Präzision als eine Spule. Dies wirkt sich preislich aus. Wenngleich infolge des Überschneidens beider Wickeldurchmesser zunächst Grundfläche gegenüber zwei Spulen gewonnen wird, so wird diese zumindest bei der Kassettenhalterung wieder verbraucht. Insgesamt ist auch das Gewicht einer Kassette größer als das der zugehörigen Spulen [72]. Schließlich sei noch auf die Schwierigkeiten hingewiesen, wenn ein Amateur eine Aufzeichnung cuttern möchte. Insgesamt muß also gefolgert werden, daß Kassette und Spule je nach Anwendungszweck nebeneinander bestehen bleiben werden.

2.6.4. Bandschleife und Endlosspule

Für viele Anwendungen, z. B. Ansagegeräten, Fremdsprachenübungen und in der Meßtechnik ist es günstig, eine bestimmte Aufzeichnung beliebig oft und periodisch wiederholen zu können. Werden nur kurze Bandlängen benötigt, so gelingt das relativ einfach mit einer Bandschleife, bei der Ende und Anfang — am besten mit Hinterklebeband — zusammengefügt sind. Auf dem Transportwerk ist dann durch eine einfache Spannvorrichtung nur für den notwendigen Bandzug zu sorgen. Die geringste Bandlänge dürfte hierbei je nach der Kopfanordnung bei 10 bis 30 cm liegen. Bei Bandlängen über 1 m sind bereits meist spezielle Geräte oder zumindest zusätzliche Umlenkrollen auf dem Transportwerk nötig. Auf diese Art können maximal Längen um 20 m erreicht werden.

Unter gewissen Umständen ist es möglich, das Band ohne Rollen einfach lose in ein Fach (Kassette) an der einen Seite einzuschieben und an einer anderen herauszuziehen. Solche Kassetten werden vor allem bei Pausezeichengeräten des Rundfunks und in der Digitaltechnik (vgl. Band 4 dieser Reihe) benutzt. Sie sind für Bandlängen bis zu 70 m ausgeführt. Das Band liegt in den Kassetten in statistisch verteilten Windungen ähnlich Abb. 51. Diese Windungen ändern im Betrieb ständig und zum Teil sehr plötzlich ihre Lage. Die Bandlänge in der Kassette darf höchstens so lang sein, daß die Krümmungsradien des Bandes noch zu keinen Knickungen führen. Sie muß mindestens so lang sein, daß die Führung der oberen und unteren Deckplatten noch dazu ausreicht, daß keine Windung umkippt.

Eine elegantere Lösung für große Bandlängen (25—300 m) bildet die Endlosspule, wie sie Abb. 52 zeigt. Das endlose Magnetband wird innen aus dem Wickel schräg nach oben herausgezogen und außen wieder aufgewickelt. Die einzelnen Lagen des Magnetbandes reiben hierbei locker gegeneinander, deshalb erhält das Magnetband meist eine spezielle Gleitschicht (Graphit). Trotzdem ist der Bandzug nicht ganz konstant, und es werden so Gleichlaufstörungen erzeugt. Vielfach sind mit derartigen Spulen bis zu 10000 Durchläufe erreichbar. Da diese Endlosspulen ein kleines Volumen benötigen und ein geringes Drehmoment hervorrufen, werden sie häufig in der Satellitentechnik benutzt [73]. Wird ein Masseband verwendet, so kann es für die Halbspurtechnik auch verschränkt zusammengeklebt werden. Dann ergibt sich die doppelte Spielzeit. Nachteilig bei dieser Endlosspule ist, daß bestimmte Stellen nur sehr schwer zu finden sind, daß ein schneller Vorlauf sehr schwierig und Rückspulen unmöglich ist. Weitere Angaben sind in [74] bis [77] enthalten.

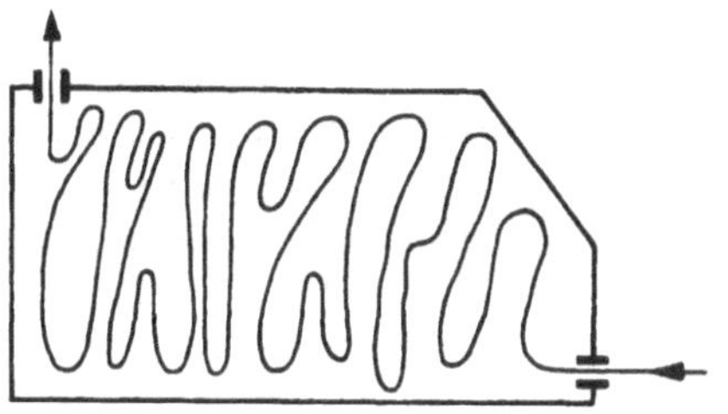

Abb. 51. Kassette, in der das Magnetband ungeordnet liegt

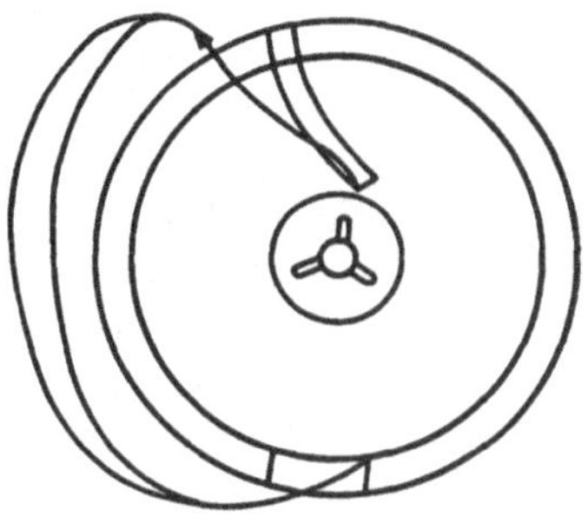

Abb. 52. Aufbau der Endlosspule

2.6.5. Möglichkeiten mit geringer Zugriffszeit

Besonders in der Digitaltechnik muß eine vorhandene Information schnell wiedergebbar sein. Hierfür sind zwei Wege allgemein interessant, die dies durch spezielle Anordnung der Magnetbänder erreichen (vgl. Band 4 dieser Reihe).

Beim schwedischen ,,Facit-Speicher" befinden sich 64 kleine Magnetbandspulen mit je 9 m Band auf einem Karussell. Das Karussell wird vor der Wiedergabe so bewegt, daß die gewünschte Spule automatisch zur Aufzeichnung oder Wiedergabe angekoppelt wird. Nach dem dazu nötigen Transport des Bandes wird das Band zurückgespult, und das Karassell kann in jede neue Stellung bewegt werden [78] bis [80].

In einem anderen Fall befinden sich 16 endlose Bandschleifen in Kassetten. Jede Schleife enthält 75 cm Magnetband von 5 cm Breite und läuft beständig mit ca. 15 m/s um. Auf jeder Schleife sind 7 Magnetkopfsysteme in je 16 Lagen auf 112 Spuren einstellbar. Hierdurch wird eine sehr kurze Zugriffszeit bei fast 10^7 bit Kapazität erreicht [81].

2.7. Verschiedene Antriebsarten

Von ganz geringen Abweichungen abgesehen, wurde hier bisher bei allen Betrachtungen das ,,klassische Transportwerk" gemäß Abb. 1 vorausgesetzt. Die Einflüsse des linken Bandwickels treten dabei wesentlich stärker störend als die des rechten Bandwickels in Erscheinung. Das Antriebssystem wirkt so, daß es Bandzugänderungen der rechten Seite von den Magnetköpfen weitgehend fernhält. Änderungen der linken Seite können dagegen nahezu ungestört zu den Magnetköpfen gelangen. Aus diesem Grunde wurden verschiedene Abwandlungen zum klassischen Antrieb entwickelt.

2.7.1. Zusätzliche Schwungmasse

Die Wirkung des Antriebsmotors gegenüber Bandzugsschwankungen der Aufwickelseite kann als Filterung betrachtet werden. Sie geht vor allem auf sein Trägheitsmoment zurück. Nur große Störimpulse können seine Drehzahl geringfügig ändern. Diese Methode läßt sich auf die linke Seite übertragen, indem dort zusätzlich eine Antriebswelle mit großer Schwungscheibe und Andruckrolle in den Bandlauf eingeschaltet wird (Abb. 53). Die neue Andruckrolle ist natürlich so anzuordnen, daß auf sie das Magnetband aufläuft und es die Welle der Schwungscheibe zu den Köpfen hin verläßt.

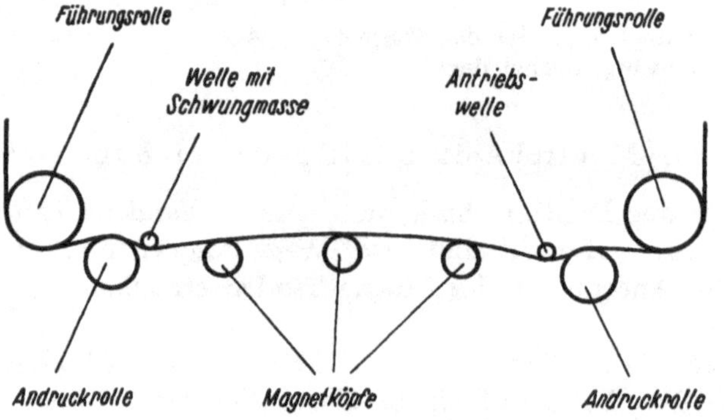

Abb. 53. Symmetrischer Antrieb mit vom Magnetband angetriebener Schwungscheibe vor den Magnetköpfen [4]

Durch die zusätzliche Schwungscheibe entstehen Probleme, wenn das Gerät gestartet werden soll. Deshalb wird sie zunächst vom Motor mit angetrieben und auf die Solldrehzahl gebracht. Danach treibt nur noch das Band die Schwungscheibe, und erst dann filtert sie Störungen des linken Bandwickels aus [4]. Derartige Geräte werden in der Volksrepublik Ungarn und von Telefunken produziert.

2.7.2. Zweiter Antriebsmotor

Wenn schon eine zusätzliche, zeitweilig angetriebene Schwungscheibe benutzt wird, erhöht es auch nicht wesentlich den Aufwand, einen zweiten Motor zusätzlich zu verwenden. Die Schwierigkeiten beim Anlauf werden dadurch geringer. Eine solche Anordnung wurde erstmalig in dem schon mehrfach erwähnten Gerät des Rundfunk- und Fernsehtechnischen Zentralamtes vom Typ R 700 verwendet (Abb. 54). Nur während des Startes wird der linke

Motor über den Bandzugsmesser und Regler so beeinflußt, daß keine überhöhten Bandzugspitzen auftreten. Danach wird auch der linke Motor durch einen kontaktlosen Schalter an die Synchronspannung geschaltet [62].

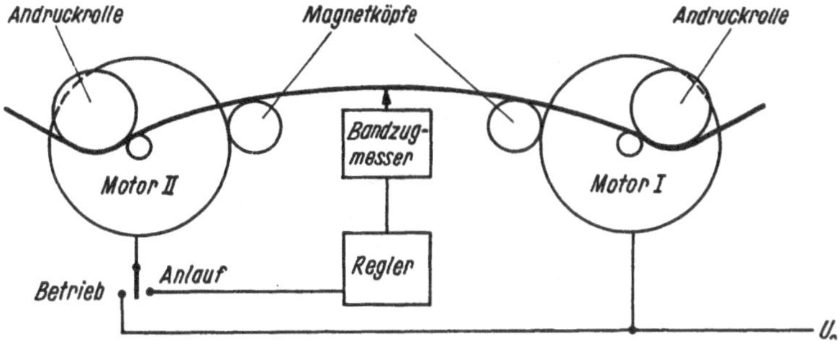

Abb. 54. Symmetrischer Antrieb mit zwei Antriebsmotoren, wie er beim Gerät R 700 verwendet wird [62]

2.7.3. Geschlossene Schleife

Eine Vereinfachung gegenüber dem zweiten Motor ist erreichbar, wenn eine Anordnung gemäß Abb. 55 gewählt wird. Die beiden Antriebswellen sind hierbei zu einer verschmolzen, und lediglich die beiden Andruckrollen sind geblieben. Diese Vereinfachung wird gegenüber den beiden zuvor genannten

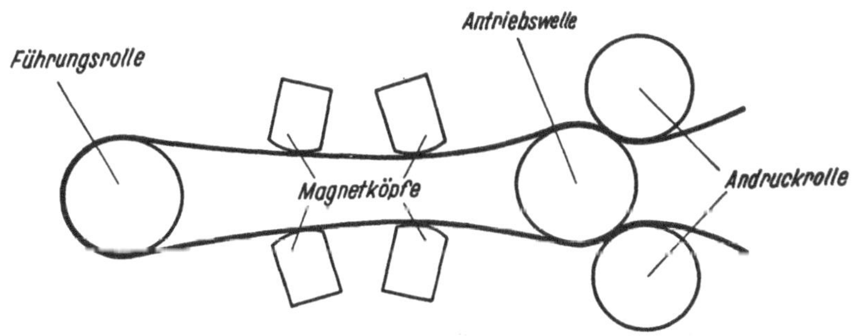

Abb. 55. Antrieb mit geschlossener Magnetbandschleife

Anordnungen aber durch den weitaus komplizierteren Bandlauf erkauft. Das Einlegen des Magnetbandes ist erschwert, da keine gerade Linie mehr gegeben ist, und auch beim Rangieren des Magnetbandes treten zusätzliche Probleme auf. Trotzdem wird diese Anordnung heute bei den meisten Meßwertspeichern benutzt [3], [4], [82].

2.7.4. Iso-elastischer Antrieb

In der letzten Zeit wird ein vollkommen anderes Antriebssystem von der Firma Kinelogic Corporation verwendet [83]. Gemäß Abb. 56 sind die beiden Bandspulen von einem elastischen endlosen Riemen umschlungen, der von einer schnellen und einer langsamen Antriebswelle angetrieben wird. Der Geschwindigkeitsunterschied von einigen 10% bewirkt die notwendigen Band-

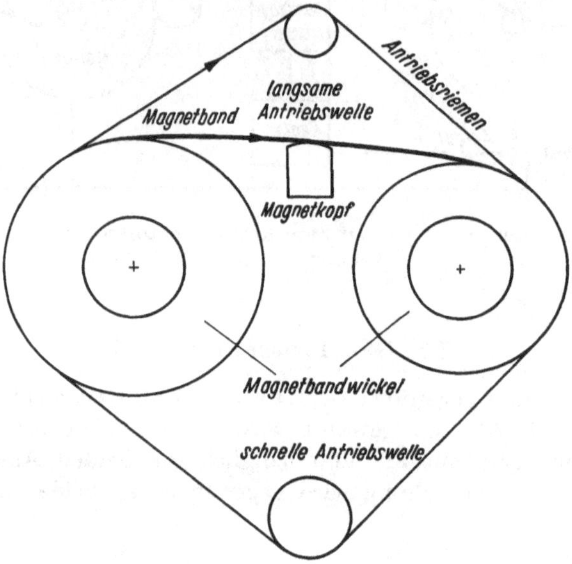

Abb. 56. Iso-elastischer Antrieb der Firma Kinelogic Corporation [83]

züge zunächst im Riemen, dann aber auch im Magnetband. Durch die fehlenden Rollen usw. fehlen auch ihre Unrundheiten, und hierdurch sollen gute Gleichlaufeigenschaften vorhanden sein. Der Antriebsriemen besteht aus Mylar und hält etwa 10^8 Umläufe aus. Dies entspricht 10000 Spulen von 540 m Magnetband.

2.7.5. Direkter Antrieb für Schnelläufer

Auf dem Gebiet der Fernsehtechnik ist kürzlich ein interessanter neuer Antrieb entstanden [84]. Bei ihm werden die beiden Bandwickel gemäß Abb. 57 gegen die Antriebswelle gedrückt. Das Magnetband wird dadurch gleichzeitig transportiert und aufgewickelt. Der Magnetkopf kann dann natürlich nur auf das Magnetband einwirken, wenn es die Antriebswelle umschlingt. Dadurch entfallen andererseits einige Fehler des Gleichlaufs, wie Bandlängsschwingungen.

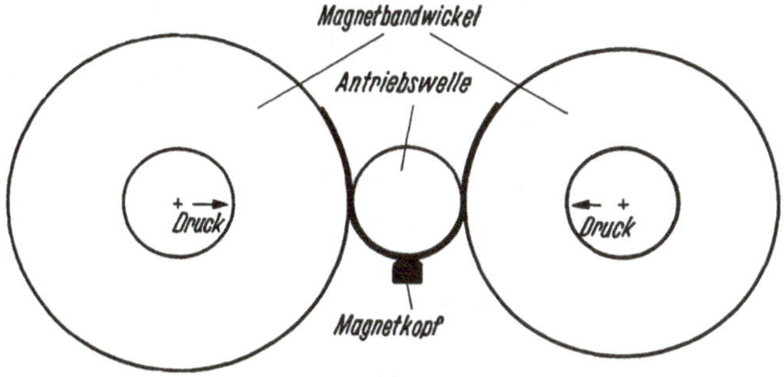

Abb. 57. Direkter Antrieb, wie er für Videogeräte mit hoher Bandgeschwindigkeit verwendet wird [84]

2.7.6. Theoretischer Ansatz

Als allgemeines Antriebssystem möge eine Anordnung nach Abb. 58 gelten. Seine Nenngeschwindigkeit sei v_0. Ohne Beschränkung der Allgemeinheit laufe infolge unvermeidlicher Toleranzen das linke System langsamer und zwar mit $v_0 - \Delta v$ und das rechte schneller mit $v_0 + \Delta v$. Es sei weiter ange-

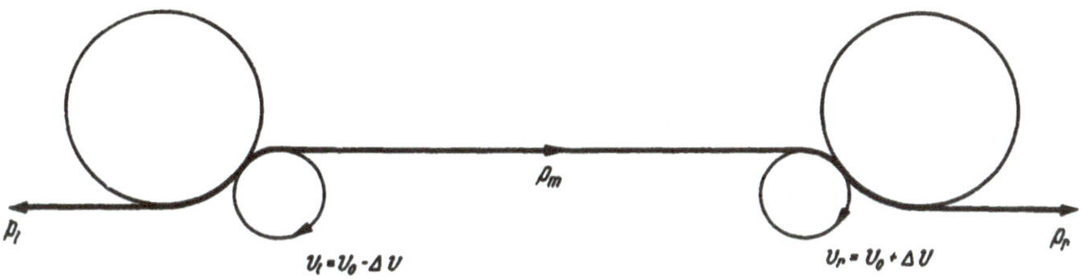

Abb. 58. Zur Berechnung der möglichen Transportanordnungen

nommen, daß der Antrieb im Bereich des Dehnschlupfes erfolgt (Mitnahmebereich in Abb. 11). Dann gilt für jede Antriebshälfte Gl. (9). Es sei weiter ein Unterschied in den Konstanten c angenommen. Er entsteht u. a. durch unterschiedlichen Andruck oder Reibungsverhältnisse. Da die Banddehnung in den drei Abschnitten mit den Bandzügen P_r, P_l und P_m für die Geschwindigkeit vernachlässigbar ist, gilt:

$$\left.\begin{aligned} v &= (v_0 + \Delta v)\,[1 + c_r (P_r - P_m)] \\ &= (v_0 - \Delta v)\,[1 + c_l (P_m - P_l)] \end{aligned}\right\}. \tag{59}$$

Der unbekannte Bandzug P_m im Mittelteil berechnet sich hieraus zu

$$P_m = \frac{v_0 (c_r P_r + c_l P_l) + \Delta v (2 + c_r P_r - c_l P_l)}{v_0 (c_r + c_l) + \Delta v (c_r - c_l)}. \tag{60}$$

Für die Bandgeschwindigkeit gilt, nachdem P_m in Gl. (59) eingeführt ist,

$$v = \frac{(v_0^2 - \Delta v^2)(c_r + c_l)}{v_0 (c_r + c_l) + \Delta v (c_r - c_l)} \left[1 + \frac{c_r \cdot c_l}{c_r + c_l}(P_r - P_l)\right]. \tag{61}$$

Während die Verhältnisse für den Bandzug relativ übersichtlich sind, zeigt sich, daß bezüglich der Geschwindigkeit das gesamte System wieder Dehnschlupfverhalten mit einer Konstanten $c_r\, c_l:(c_r + c_l)$ besitzt.

Spezialfälle

Ein besonders übersichtlicher Fall liegt bei der geschlossenen Schleife nach Abb. 55 vor. In diesem Fall ist $\Delta v = 0$ und es gilt

$$P_m = \frac{c_r\, P_r - c_l\, P_l}{c_r + c_l} \tag{62}$$

und

$$v = v_0 \left[1 + \frac{c_r\, c_l}{c_r + c_l} (P_r - P_l)\right]. \tag{63}$$

Nur wenn in beiden Antriebszonen der Andruck und die Reibungsverhältnisse gleich sind, befindet sich in der Schleife der arithmetische Mittelwert beider Bandzüge. Der Dehnschlupf wird besonders gering, wenn $c_r = c_l$ gilt. Er beträgt dann die Hälfte wie beim einfachen System. Bei jeder anderen Anordnung liegt er aber immer noch unter dem des besseren Systems.

Für den Zweimotorenantrieb gemäß Abb. 54 werden vollkommen gleichartige Antriebssysteme verwendet. Sofern auch gleicher Andruck eingestellt ist, gilt

$$c_r = c_l = c\,. \tag{64}$$

Infolge von Festigungstoleranzen der Antriebswellen bleibt $\Delta v \neq 0$ und es gilt

$$P_m = \frac{P_r + P_l}{2} + \frac{\Delta v}{v_0} \left(\frac{1}{c} + \frac{P_r - P_l}{2}\right) \tag{65}$$

sowie

$$v = \frac{v_0^2 - \Delta v^2}{v_0} \left[1 + \frac{c}{2} (P_r - P_l)\right]. \tag{66}$$

Der Bandzug besteht also aus drei Anteilen. Den Hauptteil (1. Glied) bildet der Mittelwert aus dem Auf- und Abwickelzug. Das Korrekturglied ist der relativen Geschwindigkeitsabweichung beider Antriebe proportional. Außerdem wirkt einmal die Steifigkeit $\frac{1}{c}$ des Antriebssystem und zusätzlich der zu transportierende Differenzbandzug mit. Das Vorzeichen des Korrekturgliedes ist positiv, wenn der rechte Motor schneller läuft. Läuft er langsamer, so bleibt in den meisten Fällen der Gesamtbandzug in der Mitte dennoch positiv.

Dies zunächst sehr überraschende Verhalten kann leicht mittels zweier Bandgeräte nachgeprüft werden. Sie haben immer eine Geschwindigkeitsabweichung, und es ist dann meist kein großer Unterschied, in welcher Reihenfolge ein Magnetband beide Geräte unmittelbar nacheinander passiert.

Es sei noch erwähnt, daß die Leerlaufgeschwindigkeit in Gl. (66) dem geometrischen Mittelwert der beiden abweichenden Geschwindigkeiten gleich ist. Der Dehnschlupf beträgt nur die Hälfte des einfachen Systems.

Beim System mit zusätzlicher Schwungscheibe gelten diese Betrachtungen nicht. Die Schwungscheibe erhöht im statischen Fall (der wurde hier nur betrachtet) den linken Bandzug um einen kleinen Betrag ΔP. Ansonsten bleibt hier Gl. (9) voll gültig.

2.8. Zeitfehler

2.8.1. Theorie der Gleichlauffehler

Jedes Transportwerk besitzt kleine Ungenauigkeiten. Deshalb sind der gewünschten Sollgeschwindigkeit v_0 des Magnetbandes Störungen $\Delta v(t)$ überlagert. Untersuchungen über dieses Verhalten liegen in Form von Spektren vor (vgl. u. a. Abb. 25). Sie setzen sich danach aus einem statistischen und einem periodischen Anteil zusammen. Der periodische Anteil beruht im wesentlichen auf Unrundheiten rotierender Teile.

Jeder Geschwindigkeitsfehler wirkt grundsätzlich zweimal: einmal beim Aufzeichnungsvorgang gemäß $f(t) \to f(x)$ und dann beim Wiedergabevorgang gemäß $f(x) \to f(t)$. Für die folgenden theoretischen Betrachtungen sind daher vier Fälle zu unterscheiden:

a) Die Störungen wirken nur beim Wiedergabevorgang. Es wird eine störfreie Aufzeichnung vorausgesetzt.
b) Die Störungen wirken nur beim Aufzeichnungsvorgang, die Wiedergabe erfolgt störfrei.
c) Die Störungen wirken beim Aufzeichnungs- und Wiedergabevorgang. Beide Vorgänge erfolgen vollkommen unabhängig voneinander.
d) Die Störungen wirken beim Aufzeichnungs- und Wiedergabevorgang. Beide Vorgänge erfolgen gleichzeitig, jedoch im Abstand vom Aufzeichnungs- und Wiedergabekopf.

Ableitung einer allgemeinen Gleichung

Bei einer Aufzeichnung mit der Geschwindigkeit $v_A(t)$ besteht zwischen der Aufzeichnungszeit t_A und der Bandkoordinate x die Relation

$$x = v_A(t_A) \cdot t_A \,. \tag{67}$$

Entsprechend gilt für die Wiedergabezeit t_w und Wiedergabegeschwindigkeit $v_w(t_w)$

$$x = v_w(t_w) \cdot t_w \,. \tag{68}$$

Wird für eine vorgegebene Bandkoordinate $t_w = t_A = 0$ gewählt, so folgt für die Wiedergabezeit

$$t_w = \frac{v_A(t_A)}{v_w(t_w)} \cdot t_A \,. \tag{69}$$

Die Lösung dieser Gleichung erfordert Aussagen über die Geschwindigkeitsverläufe. Sie wird sofort übersichtlich, wenn beide Geschwindigkeiten zeitlich konstant sind. Das Verhältnis

$$H = v_w / v_A \tag{70}$$

heißt dann Transponierungsfaktor. Er gibt an, um wieviel sich die Zeitmaßstäbe (meist bewußt) verkürzen bzw. verlängern. Im folgenden sei H zumindest für die Sollgeschwindigkeiten gleich 1 gewählt.

Sofern eine Geschwindigkeit konstant ist, läßt sich Gl. (69) leicht lösen. Besitzen jedoch beide Geschwindigkeiten störende Einflüsse — und dies ist in der Praxis immer der Fall — so kann die Auflösung erhebliche Schwierigkeiten bereiten.

Störungen der Wiedergabe

Die Aufzeichnungsgeschwindigkeit sei konstant und gleich ihrem Sollwert v_0. Die Wiedergabegeschwindigkeit sei der Einfachheit halber harmonisch mit der Kreisfrequenz ω gestört:

$$v_w = v_0 \left[1 + A \cos(\omega t + \varphi)\right]. \tag{71}$$

Die relative Amplitude A der Störung nimmt in der Praxis Werte von unter $1^0/_{00}$ bis zu ca. 1% an. Wird Gl. (71) in Gl. (69) unter der Voraussetzung $v_A = v_0$ eingesetzt, so ist der relative Zeitfehler gemäß

$$F(t) = \frac{t_w - t_A}{t_A} \tag{72}$$

berechenbar:

$$F(t) = \frac{-A \cos(\omega t + \varphi)}{1 + A \cos \varphi(\omega t + \varphi)}. \tag{73}$$

Da A relativ klein ist, genügt für die meisten Betrachtungen der Zähler. Der relative Zeitfehler ist dann also bis auf das Vorzeichen gleich den relativen Geschwindigkeitsschwankungen.

Gl. (73) gilt auch noch, wenn die Störschwingung aus einzelnen Spektrallinien zusammengesetzt ist. Bei Rauschen als Störung ist es günstiger, die relative Geschwindigkeitsabweichung einzuführen,

$$\Delta v(t) = \frac{v_0 - v_w(t)}{v_0}, \tag{74}$$

und dann mit dem Ansatz

$$\Delta v(t) = \sum_{n=1}^{N} (a_n \cos \omega_n t + b_n \sin \omega_n t) \tag{75}$$

zu operieren [3]. Der quadratische Mittelwert entspricht der Störungsenergie und lautet

$$\overline{\Delta v^2(t)} = \sum_{n=1}^{N} (a_n^2 \cos^2 \omega_n t + b_n^2 \sin^2 \omega_n t) = \int_0^\infty A(f)\, df. \tag{76}$$

Darin bedeutet $A(f)$ die energetische spektrale Stördichte der Geschwindigkeitsschwankungen. Der Wert des Integrals bis zu einer bestimmten oberen Grenzfrequenz ist günstig zu messen. Bei gaußisch, weißem Rauschen ist $A(f)$ konstant, und der mittlere Fehler steigt mit der Wurzel der Meßbandbreite (vgl. Abb. 59).

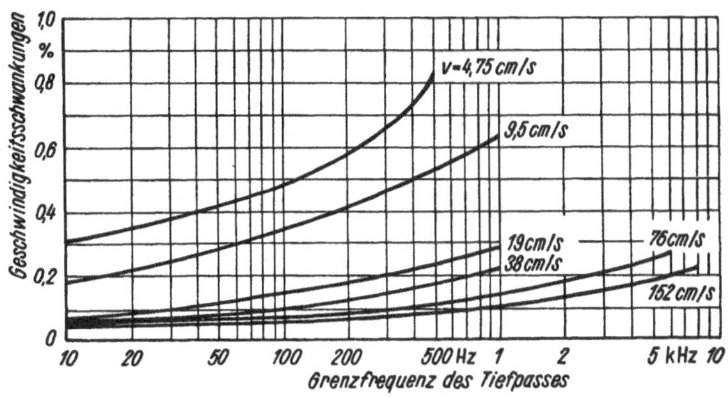

Abb. 59. Einfluß der oberen Grenzfrequenz auf den gemessenen Gleichlauffehler [82]

Störungen der Aufzeichnung

Gl. (21) gilt jetzt für die Aufzeichnungsgeschwindigkeit, während $v_w = v_0$ ist. Dann folgt aus Gl. (69) mit Gl. (72) für den relativen Zeitfehler

$$F(t) = A \cos(\omega t + \varphi) \,. \tag{77}$$

Er entspricht nach Vorzeichen und Größe genau den Geschwindigkeitsänderungen. Die Berechnung bei statistischen Störungen gelten analog wie zuvor.

Unabhängige Störungen

In der Praxis treten immer bei der Aufzeichnung und der Wiedergabe Geschwindigkeitsschwankungen auf. Sind beide harmonisch, so folgt aus Gl. (69) und (71)

$$t_w = t_A \frac{1 + A\cos(\omega t + \varphi_A)}{1 + A\cos(\omega t + \varphi_w)} \,. \tag{78}$$

Die Gleichung läßt sich mittels der trigonometrischen Additionstherme für kleine A und Gl. (72) umwandeln in

$$F(t) = -2A \sin\left(\omega t + \frac{\varphi_A + \varphi_w}{2}\right) \cdot \sin\frac{\varphi_A - \varphi_w}{2} \,. \tag{79}$$

Je nach der Anfangswinkeldifferenz kann $F(t)$ Werte annehmen, die zwischen Null und dem Doppelten der einfachen Störung liegen. Erfolgt nun die Aufzeichnung und Wiedergabe in je einem getrennten Durchlauf für das Magnetband, so sind die Anfangswinkel unabhängig voneinander und unterliegen statistischen Schwankungen. Dadurch erhöht sich der Störeinfluß auf das $\sqrt{2}$-fache. Dies ist auch aus energetischen Betrachtungen verständlich und steht in Übereinstimmung mit den Ableitungen zur Gl. (76).

Störungen bei gleichzeitiger Aufzeichnung und Wiedergabe

Erfolgt in einem Banddurchlauf zugleich die Aufzeichnung und Wiedergabe, so sind die Phasenbeziehungen durch den Abstand l zwischen Aufzeichnungs- und Wiedergabekopf starr gekoppelt (Abb. 60). Da keine wesentlichen Bandverformungen auftreten, muß die Geschwindigkeit zu einem gegebenen festen

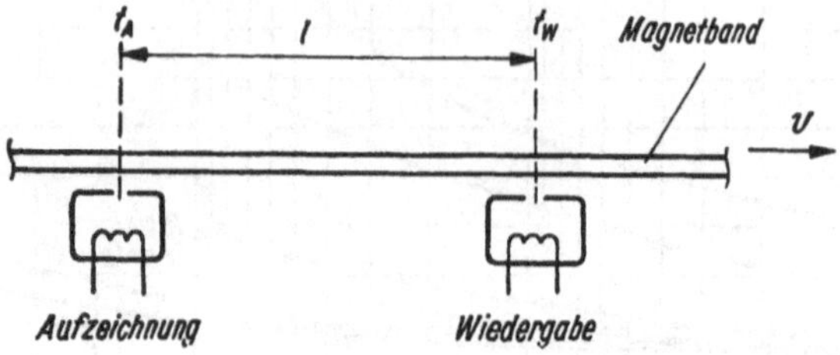

Abb. 60. Zur Ableitung der Gleichlauffehler bei gleichzeitiger Aufzeichnung und Wiedergabe

Zeitpunkt vor dem Aufzeichnungs- und Wiedergabekopf gleich groß sein. Danach gilt für den Abstand l zwischen den beiden Köpfen die Beziehung

$$l = \int_{t_w}^{t_A} v(t)\, dt\,. \tag{80}$$

Darin bedeutet t_A den Zeitpunkt, wenn eine ausgewählte Bandkoordinate den Aufzeichnungskopf passiert und t_w die Zeit, wann dieselbe Koordinate den Wiedergabekopf erreicht.

Wird in Gl. (80) der harmonische Ansatz von Gl. (71), jedoch unter Vernachlässigung von φ eingeführt, so folgt

$$t_w + \frac{A}{\omega} \sin \omega\, t_w = \frac{l}{v_0} + t_A + \frac{A}{v_0} \sin \omega\, t_A\,. \tag{81}$$

Eine eindeutige Auflösung nach t_w existiert nur, solange der Anstieg $\frac{A}{\omega} \sin \omega\, t_w$ kleiner als der von t_w ist. Hierzu muß aber A hinreichend klein sein. A ist in der Praxis so klein, daß eine iterative Näherung für die meisten Zwecke ausreicht. Als erste Näherung werden dazu die Glieder mit A vernachlässigt:

$$t_{w\,1} \approx \frac{l}{v_0} + t_A\,. \tag{82a}$$

Diese Lösung kann nun in Gl. (81) eingesetzt werden und es folgt

$$t_w \approx \frac{l}{v_0} + t_A + \frac{A}{\omega}\left[\sin \omega\, t_A - \sin \omega \left(\frac{l}{v_0} + t_A\right)\right]. \tag{82b}$$

Durch Umformung mit den trigonometrischen Additionstheoremen und Anwendung von Gl. (72) folgt

$$F(t) \approx \frac{l}{t_A\, v_0} + \frac{2\,A}{\omega\, t_A} \sin \frac{\omega\, l}{2\, v_0} \cos \left(t_A + \frac{l}{2\, v_0}\right). \tag{83}$$

Dem konstanten Verzögerungsanteil $l/t_A v_0$ ist ein Störanteil überlagert. Für seine Störamplitude gilt

$$A(\omega) = \frac{2A}{\omega} \sin \frac{\omega l}{2 v_0}. \tag{83a}$$

Sie nimmt also unter sonst konstanten Bedingungen mit der Störfrequenz ab und weist periodische Maxima und Nullstellen auf, die der Reihe nach an den Stellen

$$f = \frac{2l}{n v_0} \tag{83b}$$

liegen. Diesen Verlauf zeigt Abb. 61.

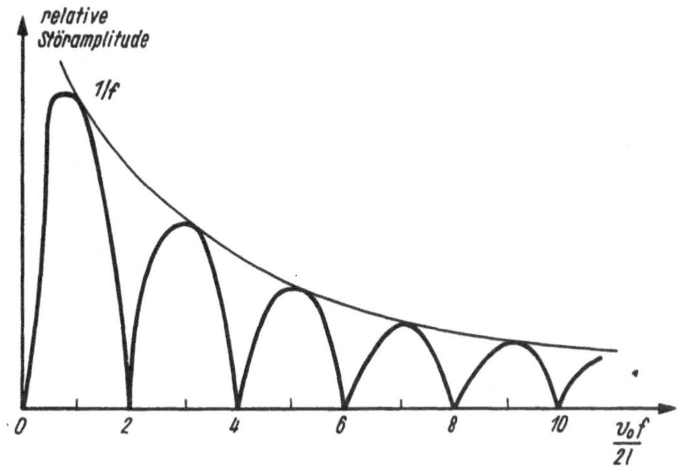

Abb. 61. Einfluß des Kopfabstandes bzw. der Signalfrequenz auf die gemessene Störamplitude des Gleichlauffehlers

Aus dem Vergleich von Gl. (82b) mit Gl. (83) folgt noch, daß die zeitlichen Störungen um den Phasenwinkel $\omega l : 2 v_0$ gegenüber den Geschwindigkeitsschwankungen verschoben sind.

Bei der Messung ist die Periodizität der Störungen gemäß Gl. (83) zu beachten. Durch Verändern des Kopfabstandes können bestimmte Störfrequenzen ausgeschaltet bzw. ihr Maximum bestimmt werden [86]. Bei Gaussscher Geschwindigkeitsstörung treten überwiegend die Störfrequenzen der Maxima in Erscheinung.

2.8.2. Ursachen der Gleichlauffehler

Ideal sollte ein Magnetband mit konstanter Geschwindigkeit nur in der vorgesehenen Längsrichtung bewegt werden. In der Wirklichkeit sind jedoch drei Abweichungen vorhanden [87]:

1. Gleichlauffehler in Längsrichtung des Bandes (Rucken).
2. Bewegungen in der Magnetbandebene senkrecht zur Transportrichtung (Pendeln).
3. Bewegungen senkrecht zur Magnetbandebene (Flattern).

Die in Klammern gesetzten Begriffe deuten auf besonders leicht erkennbare Erscheinungen hin und seien zur kürzeren Beschreibung von GUCKENBURG übernommen.

Flattern beeinflußt vor allem den Kopfkontakt und damit den Pegel, insbesondere bei den hohen Frequenzen. Das Pendeln führt zu relativen Verlagerungen der Spur und ist daher bei Mehrspurbetrieb sehr störend. Es wird daher zusammen mit den zugehörigen Verkantungen des Magnetbandes in Abschnitt 2.8.5 behandelt.

Die Ursachen für das Rucken, also für den eigentlichen Gleichlauffehler, sind teilweise durch die Eigenschaften des Bandes bzw. die Eigenschaften des Transportwerkes bedingt. In der Praxis werden sich beide immer überlagern. Dies ist vor allem für die statistischen Schwankungen der Fall, die eine GAUSS-Verteilung der Störungen bewirken und zu Meßergebnissen gemäß Abb. 59 führen [88].

Im folgenden seien aber beide Anteile getrennt behandelt, da sie sich einmal im wesentlichen auf rotierende Teile und zum anderen auf die elastischen Eigenschaften des Magnetbandes zurückführen lassen. Beide Ursachen führen im Spektrum der Gleichlauffehler zu den in Abb. 25 gezeigten Spitzen.

Im allgemeinen rotiert jede Welle durch die Trägheit mit konstanter Drehzahl n. Abweichungen davon können nur durch zusätzliche Kräfte erzwungen werden. Wenn diese Kräfte vom Magnetband (z. B. bei den Bandwickeln) aufzubringen sind, treten sie an anderen Stellen störend auf. Solche Schwankungen können aber auch direkt von den Motoren stammen. Sie werden ausführlich in Band 5 dieser Reihe behandelt (vgl. auch [88]).

Weitere Gleichlauffehler können durch Beschleunigungen auftreten, denen das gesamte Transportwerk ausgesetzt ist. Sie müssen vor allem bei transportablen Geräten beachtet werden und sind dann durch gegenläufige Schwungmassen wesentlich zu reduzieren. Näheres hierzu ist in [90] zu finden.

Exzentrizitäten

Exzentrizitäten können auf einem Transportwerk die Antriebswelle, die Andruckrolle, Führungsrollen und die Bandwickel besitzen. Unmittelbar auf die Bandgeschwindigkeit wirken vor allem die Fehler der Antriebswelle. Die Andruckrolle geht bei richtiger Anordnung nur vernachlässigbar über das Schlupf-Dehnverhalten ein (vgl. Abschnitt 2.2.3). Die Exzentrizitäten der Führungsrollen und Bandwickel wirken mittelbar über Bandzugsschwankungen des elastischen Bandes. Die Zusammenfassung dieser Fehler erfolgt im Abschnitt 2.8.3.

Die Rundlauffehler eines rotierenden Teiles können zweifach sein, einmal, indem seine Randkurve vom Kreis abweicht oder zum anderen, indem der Mittelpunkt des Kreises nicht gleichzeitig Drehpunkt ist.

Unrundheiten

Die Randkurve weicht von der Kreisform vor allem bei Bandwickeln ab. Gemäß Abb. 62a kann dann zwischen dem Mittelwert des Radius r_m und dem

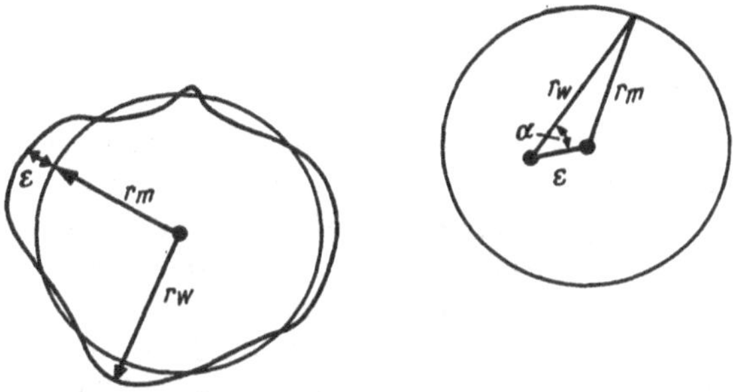

Abb. 62. Zum Einfluß der Exzentrizitäten a) bei unrundem Querschnitt, b) bei Zentrierfehlern

für jeden Winkel typischen, wirklichen Radius r_w unterschieden werden. Die Differenz zwischen beiden heiße

$$\varepsilon = r_w - r_m \,. \tag{84}$$

Bei konstanter Drehzahl n ist die Geschwindigkeit für jeden Punkt des Umfanges durch

$$v = 2\,\pi\,n\,r_w \tag{85a}$$

gegeben. Sie läßt sich über Gl. (84) umwandeln in

$$v = 2\,\pi\,n\,r_m\left(1 + \frac{\varepsilon}{r_m}\right). \tag{85b}$$

Da der konstante Geschwindigkeitsanteil

$$v_0 = 2\,\pi\,n\,r_m \tag{85c}$$

auch als Sollwert betrachtet werden kann, ist die relative Abweichung der relative Gleichlauffehler

$$A = \frac{\varepsilon}{r_m}\,. \tag{86}$$

Sein Verlauf folgt periodisch der Drehzahl der rotierenden Teile. Er besteht aus der Grundfrequenz $n = f$ und ihren Harmonischen.

Zentrierfehler

Häufiger als Unrundheiten sind Zentrierfehler. Sie entstehen u. a. durch schlechte Lager (Lagerspiel) und durch Verbiegung der Antriebswelle. Die

Berechnung erfolgt nach Abb. 62b [88], [89]. Mit dem Drehwinkel α gilt

$$r_w = \varepsilon \cos\alpha + \sqrt{r_m^2 - \varepsilon^2 (1 + \cos^2\alpha)}\,. \tag{87a}$$

Da im allgemeinen $\varepsilon \ll r_m$ gilt, folgt mit Gl. (86) die Näherung

$$r_w = r_m (1 + A \cos\alpha)\,. \tag{87b}$$

Die Verlagerung des Mittelpunktes um den kleinen Betrag ε wirkt sich genau so aus wie ein Rundlauffehler des gleichen Betrages. Bei der Verlagerung des Mittelpunktes bleibt jedoch der Oberwellenanteil vernachlässigbar klein.

Bandlängsschwingungen

Für das Magnetband gilt recht gut das HOOKEsche Gesetz. Mit dem zugehörigen Elastizitätsmodul und seiner Masse kann daher ein eingespanntes Bandstück zu Schwingungen angeregt werden. Solche Schwingungen, vor allem in der Längsrichtung, beschrieben als erste BELGER und HEIDORN [91]. Sie gaben zugleich an, wie diese Störungen durch eine Rolle im Schwingungsbauch wesentlich zu reduzieren sind. Spätere Untersuchungen hierzu erfolgten von WITTIG [47], ASCHOFF und DROOP [92], HAASE [36], VÖLZ [19], sowie STEINHORST [93], [94].

Bezüglich der elastischen Eigenschaften untersucht STEINHORST [93] die Kräfte im Magnetband nach dem D'ALEMBERTschen Prinzip. Dabei ergibt sich ein Unterschied zwischen dem statischen und dynamischen Elastizitätsmodul E, bzw. E_D. Mit der Querkontraktionszahl ν gilt

$$E_D = \frac{E (1 - \nu)}{(1 + \nu)(1 - 2\nu)}\,. \tag{88}$$

Der dynamische Elastizitätsmodul ist also stets größer als der statische. Die Geschwindigkeit, mit der sich eine Störung im Band fortpflanzt, ergibt sich mit der Materialdichte ϱ zu

$$c = \sqrt{\frac{E_D}{\varrho}}\,. \tag{89}$$

Sie liegt ganz grob bei 2 km/s.

Eine stehende Schwingung bildet sich durch Reflexion an den Enden aus. Mit der eingespannten Bandlänge l beträgt die Eigenfrequenz daher

$$f = \frac{c}{2\,l}\,. \tag{90}$$

STEINHORST zeigt weiter, daß der Transport des Magnetbandes wegen seiner gegen c kleinen Geschwindigkeit ohne Einfluß bleibt. Als eingespannte Länge gilt dann der Abstand zwischen zwei Rollen, während alle Reibungsstellen zur Anregung dienen. Er zeigt auch, daß neben der harmonischen Schwingung viele andere Schwingungsformen auftreten können. Es sei erwähnt, daß nach BELGER und HEIDORN [91] für eine Bandlänge von 37 cm eine Störfrequenz von 2,7 kHz nachgewiesen werden konnte. Ähnliche Werte finden auch WITTIG [47] und STEINHORST [94].

Die Ursache dafür, daß Bandlängsschwingungen entstehen, sieht STEINHORST [94] im Unterschied von Haft- und Gleitreibung (Stick-Slip-Anregung). Mit dieser Untersuchung findet er eine Grenze der Bandgeschwindigkeit, oberhalb derer die Längsschwingung verschwindet. Sie hängt von den Reibungszahlen μ_H und μ_G (Haft bzw. Gleit), dem Umschlingungswinkel γ des Bolzens, den Elastizitätsmodulen, dem Bandzug P, sowie der Breite b und Dicke d des Magnetbandes ab:

$$v_{gr} = \frac{(e^{\mu_H \gamma} - e^{\mu_G \gamma})\, P}{E\, b\, d} \sqrt{\frac{E_D}{\varrho}}. \tag{91}$$

Für einen Winkel von 118° ergeben sich bei normalem Magnetband und 100 p Bandzug rund 20 cm/s.

2.8.3. Analogiebetrachtungen

Bei vielen schwingungstechnischen, insbesondere akustischen Untersuchungen haben sich Modelle bewährt. Sie übertragen das jeweilige Verhalten in elektrische Ersatzschaltbilder [95]. Es ist WOLF zu verdanken, dieses Prinzip auf Transportwerke der Magnetbandtechnik angewendet zu haben [96], [97], [98], [62]. Jetzt wird diese Methode vielfältig benutzt [3], [4], [92]. Die Filter der Magnetfilmtechnik sind nach diesem Prinzip im Band 3 dieser Folge beschrieben.

Umrechnungen

Im Transportwerk existieren Dreh- und Längsbewegungen. Für das Ersatzschaltbild ist es günstig, alle Dreh- und Längsbewegungen umzurechnen. Die Winkelgeschwindigkeit Ω ist dabei auf jenen Radius r zu beziehen, für den die Bandgeschwindigkeit v

$$v = \Omega\, r \tag{92a}$$

ist. Dann läßt sich das Trägheitsmoment Θ in eine äquivalente Masse m und der Reibungsmitgang sowie die Federnachgiebigkeit von Dreh- in Linearbewegung (h_D bzw. h_L und n_D bzw. n_L) umrechnen:

$$\Theta = m\, r^2; \quad h_L = h_D\, r^2; \quad n_L = n_D\, r^2\,. \tag{92b}$$

Für das zugehörige elektrische Ersatzbild sind die Größen Induktivität L, Kapazität C, Widerstand R, Strom I und Spannung U maßgebend. Für die zugehörige elektrische Schaltung gibt es mehrere Möglichkeiten. Besonders gut anschaulich ist die von WOLF gewählte Analogie [96]

$$U = K \cdot v\,, \tag{93a}$$

$$I = \frac{1}{K} \cdot P\,. \tag{93b}$$

In ihr entsprechen sich also über einen Faktor K (z. B. in Vs/m) elektrische Spannung U und mechanische Geschwindigkeit v sowie elektrischer Strom I und mechanische Zugkraft P.

Mit einer zweiten Konstanten M (z. B. in $V^2 s^2 m^{-2}$) folgen die weiteren Umrechnungen:

$$L = M m \,, \tag{93c}$$

$$C = \frac{M}{K^4} n \,, \tag{93d}$$

$$R = K^2 h \,. \tag{93e}$$

Die Gleichungen sind so gewählt, daß zur besseren Meßbarkeit die mechanischen und elektrischen Frequenzen voneinander abweichen:

$$\omega_m = \frac{M^2}{K^4} \omega_{\mathrm{el}} \,. \tag{93f}$$

Neben diesem Frequenzverhältnis ist noch in den Gln. (93) eine Größe frei wählbar. Sie wird am besten zur Festlegung für die Induktivitäten (93c) benutzt. Für ihren praktischen Aufbau ergeben sich nämlich erfahrungsgemäß die größten Schwierigkeiten.

Beispiel

In seiner ersten Arbeit untersuchte Wolf ein Studiotransport SJ 100 der Firma Sander & Janzen. Es entspricht in seinem prinzipiellen Aufbau Abb. 1. Zu ihm gehört ein mechanisches Schaltbild gemäß Abb. 63a. Aus der Erklärung ist zu ersehen, welche Einzelheiten berücksichtigt sind.

Liegt diese Abbildung vor, so bereitet es keine wesentlichen Schwierigkeiten mehr, zum elektrischen Ersatzschaltbild überzugehen (Abb. 63b). Hier müssen dann noch die Störeinflüsse als Strom- bzw. Spannungsquellen (Bandzugs- bzw. Geschwindigkeitsschwankungen) eingefügt werden. In der so vervollständigten Ersatzschaltung (Abb. 64) sind alle Störungen als Spannungsquellen als Geschwindigkeitsänderungen erfaßt. Für die Umrechnung wurde $M^2 K^{-4} = 2 \cdot 10^{-4}$ und $M = 6{,}95\ V^2 s^2 m^2$ gewählt.

Für das Speichergerät werden nun mechanische Störungen wirksam, die an den Magnetköpfen, also am Punkt c wirken. Der Vorteil dieses Ersatzschaltbildes liegt nun darin, daß schnell durch elektrische Messungen bzw. Berechnungen jeder Störeinfluß übersichtlich und einzeln dorthin zu verfolgen ist. Außerdem sind leicht Maßnahmen anzugeben, die zu besseren Eigenschaften führen. Beispiele sind in der eingangs genannten Literatur zu finden.

2.8.4. Meßmethoden

Entsprechend den Ursachen und Auswirkungen von Gleichlauffehlern können auch zwei Wege zu ihrer Messung unterschieden werden. Die Ursachen lassen sich am besten unmittelbar an den rotierenden Teilen als Exzentrizitäten bzw. Rundlauffehler erkennen. Solche Methoden sind für die Hersteller von Transportwerken vorteilhaft.

Der zweite Weg erfaßt das komplette Gerät über den „Umweg" der Speicherung. Er bezieht also Aufzeichnung und Wiedergabe ein. Diese Methode

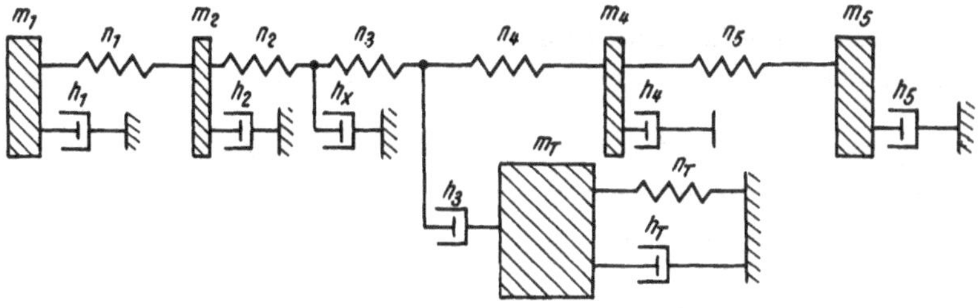

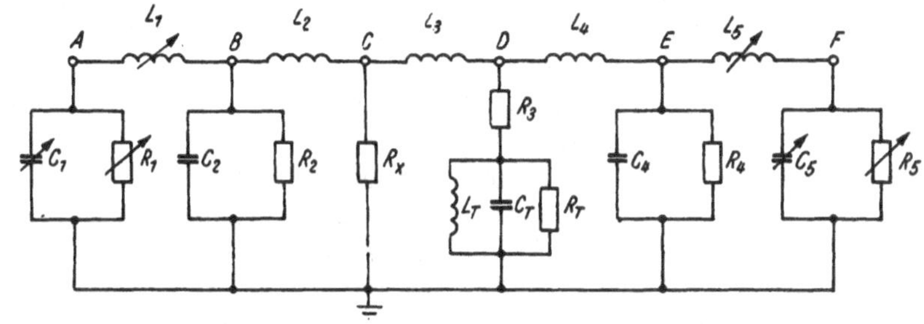

Abb. 63. a) mechanisches Ersatzschaltbild eines Transportwerkes gemäß Abb. 1. Darin bedeuten:

m_1, m_5	äquivalente Massen der Bandwickel, Wickelteller und Motoren
m_2, m_4	äquivalente Massen der Umlenkrollen
m_T	äquivalente Masse des Antriebsmotors
n_1 bis n_5	Nachgiebigkeiten der verschiedenen Bandabschnitte
n_T	äquivalente Nachgiebigkeit der elastischen Kopplung zwischen Magnetfeld und Läufer des Antriebsmotors
h_1, h_2, h_4, h_5	geschwindigkeitsproportionale Reibungsmitgänge (Lagerreibung)
h_3	Reibungsmitgang zwischen Antriebswelle und Andruckrolle
h_x	nicht geschwindigkeitsproportionaler Reibungsmitgang der Magnetköpfe und Bandführungen
h_T	äquivalenter geschwindigkeitsproportionaler Dämpfungsmitgang des Motorkäfigs

b) analoge elektrische Schaltung

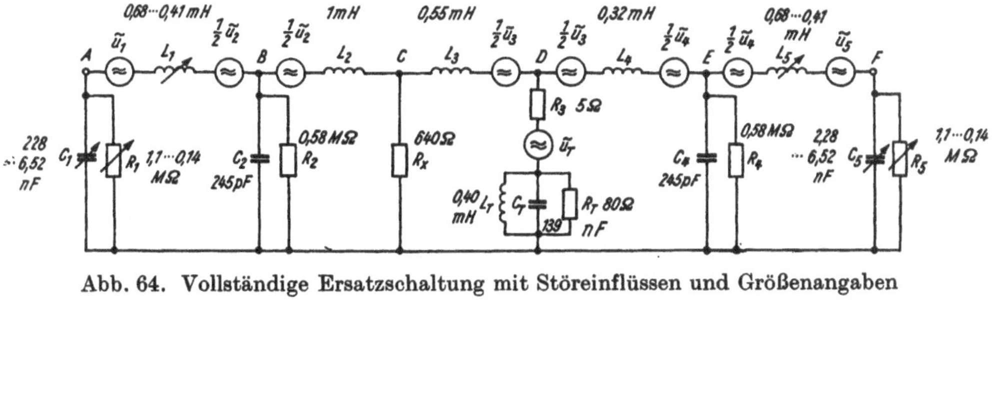

Abb. 64. Vollständige Ersatzschaltung mit Störeinflüssen und Größenangaben

ist daher nur für komplette Geräte anwendbar. Sie hat den Nachteil, nur indirekt auf die Fehlerstellen schließen zu lassen. Wie weit dieser Weg mittels der Bandzugsschwankungen begehbar ist, wurde bereits im Abschnitt 2.3 gezeigt.

Einen recht brauchbaren Überblick über die verschiedenen Methoden gibt u. a. WÄSSERLING [89] in seiner Dissertation. Ihm sei hier weitgehend gefolgt.

Exzentrizitäten und Rundlauffehler

Im vorigen Abschnitt ist gezeigt, daß sich Exzentrizitäten und Rundlauffehler etwa gleichartig auswirken. Beide sind als Abstandsänderungen gegenüber einem festen Punkt erfaßbar. Sie sind mittels mechanischer Meßuhren verschiedener Art zu messen. Da ihre Meßgrenze bei 1 μm liegt, ergeben sie etwa ausreichende Genauigkeit. Problematisch ist jedoch, daß sie vielfach das Lagerspiel mit erfassen. Im praktischen Betrieb ist dies — vor allem bei hohen Drehzahlen — jedoch meist vernachlässigbar. Infolge ihrer zeitlichen Trägheit ist mit Meßuhren aber gerade bei hoher Drehzahl keine Messung möglich. Zuweilen besteht auch die Gefahr, durch mechanische Taster rotierende Teile zu beschädigen. Vorteilhaft sind deshalb kontaktlose Sonden. WÄSSERLING [89] zeigt, daß induktive Sonden Meßfehler ergeben und beschreibt eine dementsprechend von ihm aufgebaute kapazitive Sonde, die ebenfalls etwa 1 μm zu messen erlaubt. In diesem Zusammenhang sei auf die kapazitive Sonde von BÉKSÉZY hingewiesen, die sogar Messungen bis zu 10^{-8} cm herab zuläßt [99], [100].

Drehzahlschwankungen

Recht schwierig sind die Drehzahlschwankungen einer Welle, insbesondere der Antriebswelle, zu messen. Prinzipiell könnte dies durch die sich mitändernde Zentrifugalkraft erreicht werden. Dabei wäre die Wegänderung einer Masse gegenüber einer Federkraft ausnutzbar. Die Rechnung zeigt jedoch, daß für die zu fordernde Empfindlichkeit (unter 10^{-3}) die Resonanz des Systems stets zu tief liegt [89].

Bei einer anderen Methode wird der Kreisumfang mit vielen Marken versehen. Sie erzeugen bei der Rotation lichtelektrische, magnetisch oder ähnlich periodische Impulse. Um die Drehzahlschwankungen zu bestimmen, muß jedoch der Teilungsfehler der Marken unter 10^{-3} bleiben. Dies ist technisch kaum realisierbar. DARRÉ [101] empfiehlt als Ausweg, den n Marken n Abtaststellen gegenüber zu stellen, so läßt sich der Teilungsfehler unterdrücken. Eine Grenze bietet dann hier aber durch die Anzahl der möglichen Stellen das Abtasttheorem. (Einen indirekten Ausweg zeigt MEIER [86].)

Einfache Messung

Für das gesamte Magnetbandgerät gibt es auch wieder mehrere Meßmethoden. Besonders einfach ist es, die Änderung der Phasenfehler nach Gl. (83) auszunutzen. Falls nicht getrennte Aufzeichnungs- und Wiedergabeköpfe im Gerät vorhanden sind, kann dann zeitweilig auch der Löschkopf zur Aufzeichnung herangezogen werden.

Bei dieser einfachen Methode ist vor allem zu beachten, daß die Störfrequenz nicht zufällig in eine Nullstelle gemäß Gl. (83b) fällt (vgl. auch [86]).

Zur Berechnung der vorhandenen Fehler sei GELUK [102] gefolgt und Abb. 60 benutzt. Es werde die Frequenz ω_0 bei der Sollgeschwindigkeit v_0 aufgezeichnet. Die Verzögerung bis zum Wiedergabekopf beträgt dann

$$\tau = l/v_0 \,. \tag{94}$$

Hieraus folgt der Phasenunterschied zu

$$\varphi = \omega_0 \tau = \frac{\omega_0 l}{v_0} \,. \tag{95}$$

Mit dem Geschwindigkeitsfehler nach Gl. (74) ergibt sich dann als Phasenschwankung

$$\Delta\varphi = \omega_0 \frac{l}{v_0} \Delta v(t) \,. \tag{96}$$

Bei gegebenen Verhältnissen läßt er sich also durch die Wahl von einem hinreichend großen ω_0 (und eventuell hinreichend kleinem v_0) recht groß gestalten. Für die Messung ist die Eingangsfrequenz (Aufzeichnungsspannung) den x-Platten und die Ausgangsspannung (Wiedergabespannung) den y-Platten eines Oszillographen zuzuführen (Abb. 65). Alle Gleichlauffehler äußern sich als

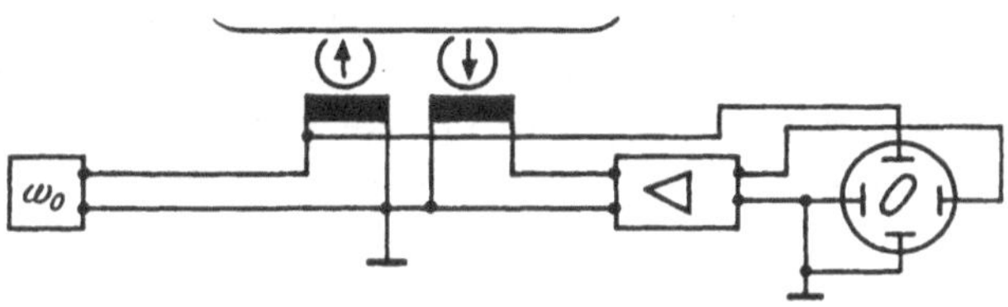

Abb. 65. Einfache Methode zur relativen Bestimmung von Gleichlauffehlern

Schwankungen der Lissajousfigur. Allerdings stören dabei z. T. erheblich Amplitudenschwankungen und Signalverzerrung. Mit dieser Methode sind auch Fehler unter 10^{-3} gut erkennbar.

Verfahren mit Impulsformung

Besser quantisierbar wird die zuvor genannte Methode, wenn sie gemäß DINGLEY [103] und SWEENEY [104] abgewandelt wird. Abb. 66 zeigt das zugehörige Blockschaltbild. Die sinusförmige Generatorfrequenz für die Zeitablenkung wird zur Sägezahnschwingung umgeformt. Aus der Wiedergabespannung werden zunächst Rechteckimpulse und aus deren Anstieg Nadelimpulse zur Helltastung abgeleitet. So entsteht auf dem Schirm des Oszillographen ein Punkt. Seine Lage hängt bei sonst festen Parametern nur von dem momentanen Gleichlauffehler ab. Aus dem Zeitablauf seiner Bewegung können Rückschlüsse verschiedener Art gezogen werden. Aus der direkt sichtbaren Bewegung des Punktes sind unmittelbare qualitative Aussagen zu gewinnen. Dabei ist aber zu beachten, daß ähnlich wie in Gl. (96) die Frequenz ω_0 in die Auswanderung eingeht [89]. Von Vorteil ist diese Methode

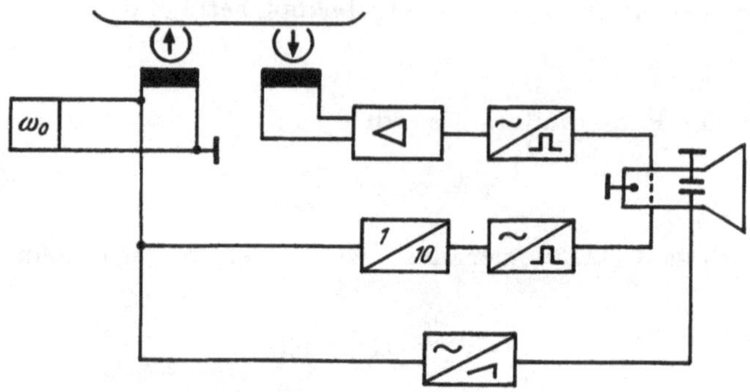

Abb. 66. Meßmethode nach DINGLEY und SWEENEY

für die magnetische Bildspeicherung, da dann die Punktauswanderung unmittelbar dem Bildpunktfehler eines Fernsehbildes zugeordnet werden kann [89]. Abb. 66 zeigt noch einen Kanal, an dem Impulse der zehnfachen Frequenz zur zusätzlichen Hellsteuerung herangezogen werden. Die dadurch auf dem Schirm entstehenden Punkte werden zur Eichung herangezogen. Besonders vorteilhaft wird diese Methode, wenn sie mit einer Filmregistrierung kombiniert wird. Nachteilig ist bei ihr, daß keine elektrischen Werte für den Meßwert verfügbar sind.

Eine noch weiter entwickelte Methode stammt von WÄSSERLING [89]. Die Wiedergabeschaltung ist gemäß Abb. 67 aufgebaut. Den bistabilen Multivibrator BM schaltet der aus dem Kopfsignal abgeleitete Impuls ein. Der aus dem Vergleichsgenerator G abgeleitete Impuls schaltet ihn wieder zurück. Das Verhältnis der vom Magnetband und vom Generator G kommenden Frequenz erzeugt so eine bestimmte Impulsdauer. Den zugehörigen Wert zeigt das Instrument A an. Der Generator G kann über P einstellbar verschieden stark

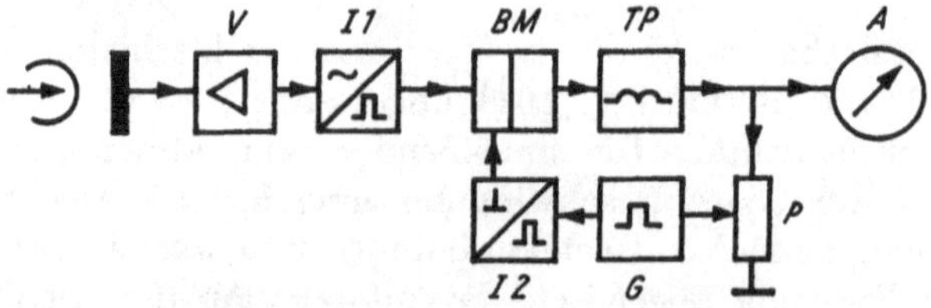

Abb. 67. Meßmethode nach WÄSSERLING

gegengekoppelt werden. So läßt sich die jeweils notwendige Demodulationskennlinie optimal gestalten.

Da bei diesem Verfahren am Ausgang direkt ein elektrischer Meßwert zur Verfügung steht, der dem relativen Gleichlauffehler entspricht, ist die Auswertung besonders einfach. Bei einer Trägerfrequenz von 4 kHz sind Frequenzschwankungen bis 2000 Hz meßbar.

Frequenzmodulation

Durch die Gleichlaufschwankungen wird eine aufgezeichnete Schwingung frequenzmoduliert. Diese Tatsache führt zur meist benutzten Meßmethode für Gleichlauffehler. Entsprechend Abb. 68 unterdrückt ein Begrenzer *B* zunächst alle Amplitudenschwankungen. Der Frequenzdemodulator FDM besteht

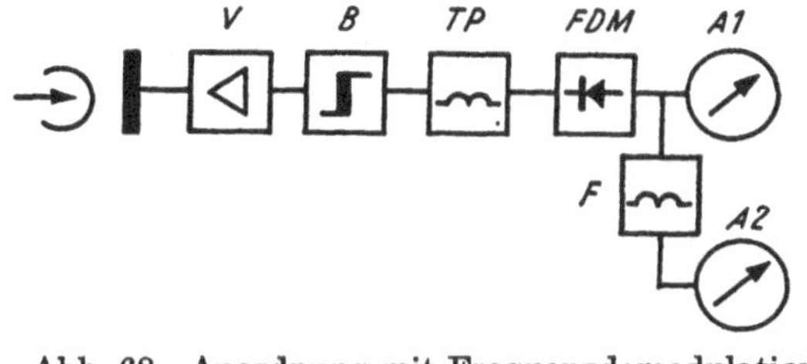

Abb. 68. Anordnung mit Frequenzdemodulation

meist aus gekoppelten Schwingkreisen. Infolge des breiten Spektrums der Frequenzmodulation muß dabei ein Kompromiß zwischen Meßgenauigkeit und notwendiger linearer Flanke angestrebt werden. Die lineare Flanke beträgt bei ausgeführten Geräten maximal 25%. Gewöhnlich werden als Trägerfrequenz 400 Hz meßbar. Die Meßgrenze solcher Geräte liegt bei ca. 10^{-3}. Für höhere Genauigkeiten bereitet bereits das Bandrauschen Schwierigkeiten. Die Anzeige der Geräte erfolgt vielfach umschaltbar im Schlupf (Gleichwert nach Diskriminator) und nach verschiedenen oberen Grenzfrequenzen für die Störung. Beschreibungen dieser Methoden und verschiedener Geräte sind in [3], [4], [19] und [105] bis [110] enthalten. Es sei noch erwähnt, daß für das erste Gerät dieser Art Enkel einem Umweg ging [111]. Er überlagerte die wiedergegebenen 1000 Hz mit 950 Hz und gab die Differenzfrequenz auf einen Zungenfrequenzmesser. Noch ältere Verfahren sind in [4] beschrieben.

2.8.5. Fragen der Mehrspurtechnik

Bei vielen Anwendungen der Magnetspeichertechnik werden gleichzeitig und parallel mehrere Signale aufgezeichnet, die später wieder zeitgleich wiederzugeben sind. So muß z. B. bei der Stereoaufzeichnung zwischen den beiden Signalen die Phasendifferenz recht hohen Anforderungen genügen. In [113] wird festgestellt, daß sie zwischen 200 und 3750 Hz kleiner als 45° und zwischen 50 und 15000 Hz kleiner als 65° bleiben muß.

Ähnliche Forderungen bestehen bei der Speicherung von Meßwerten. Nur existieren hier meist um 8 Kanäle, die aufeinander zu beziehen sind, und außerdem ist der Frequenzbereich meist erheblich größer.

Bei der Digitalspeicherung ist es unbedingt notwendig, daß zueinander gehörende Impulse bei der Wiedergabe zuordenbar bleiben. Im Gegensatz zu den anderen Anwendungen ist kein einziger Zuordnungsfehler zulässig. Einzelne Punkte dieser Problematik sind im Band I dieser Reihe auf S. 156—157 und Band IV, S. 35—36 angesprochen. Sie beziehen sich einmal auf die Spaltlagenfehler der Mehrspurmagnetköpfe und zum anderen auf das allgemeine Sicherheitsproblem bei der Digitalspeicherung.

Ursachen der Fehler

Als Ursachen der Zeitfehler kommen folgende Mängel in Betracht:

a) Die Spalte der Magnetköpfe liegen nicht genau auf einer Geraden. Dieser Fehler ist direkt optisch meßbar. Es werden heute Toleranzen um etwa 1 μm erreicht.

b) Der Magnetkopf ist nicht genau justiert. Dieser Fehler wirkt sich vor allem bei getrennten Aufzeichnungs- und Wiedergabeköpfen aus. Er ist aber meist noch erheblicher, wenn ein Magnetband auf verschiedenen Geräten wiedergegeben werden soll.

c) Das Magnetband weist Unregelmäßigkeiten, z. B. in seiner Breite, u. a. als Kantenverformung oder Welligkeit, auf. Solche Fehler wirken sich als mangelhafte Führung und damit wie eine sich ändernde Justage (Richtung und Höhe) des Magnetkopfes aus.

d) Der elektronische Teil einschließlich der Magnetköpfe hat unterschiedliche Frequenz- bzw. Phasengänge. Sie bewirken je nach Signalfrequenz oder Impulsfolge bzw. Impulsregeneration unterschiedliche Laufzeitfehler.

e) Schließlich bewirken auch die Gleichlauffehler selbst zusätzliche Zeitfehler. Sie sind besonders groß, wenn zur Ausnutzung der Breite des Magnetbandes besonders für mehrere Signale örtlich verschobene Magnetköpfe angewendet werden (Spur 1, 3, 5, . . . und Spur 2, 4, 6, . . . je ein Magnetkopf). Für die anderen Fälle treten sie nur als Störungen 2. Ordnung zu den o. g. Fehlern auf.

Größen der Fehler

Für das Wiedergabesignal interessieren je nach dem Anwendungsfall die Zeit- bzw. Phasenfehler. Beide sind von der Bandgeschwindigkeit v abhängig. In den Phasenfehler geht zusätzlich die Signalfrequenz f ein. Zunächst sei ein nahezu idealer Bandlauf vorausgesetzt, so daß lediglich (z. B. durch Schiefstellung des Magnetkopfes oder Spaltlagenfehler) eine Ortsabweichung Δx zwischen den beiden interessierenden Spuren besteht. Dann gilt für den zugehörigen Zeitfehler

$$t = \frac{\Delta x}{v} \tag{97a}$$

und für den Phasenfehler

$$\Delta \varphi = \frac{\Delta x f}{v} = \Delta t \cdot f. \tag{97b}$$

Der o. g. Wert für Stereofonie erfordert damit bei 38,1 cm/s einen kleinsten Ortsfehler von 4,5 μm, allerdings unter der nicht zutreffenden Voraussetzung, daß keine weiteren Fehler auftreten.

Wird Δx allein durch schlechte Kopfjustage bzw. Bandschräglauf verursacht, so gilt mit dem Fehlerwinkel α und dem Spurmittenabstand h

$$\Delta x = h \sin \alpha \approx h \alpha . \tag{98}$$

Darin kann α auch als relative Höhenabweichung, bezogen auf eine bestimmte Bandlänge, angegeben werden. Heute werden meist Werte von einigen 10^{-4} erreicht.

Es sei noch darauf hingewiesen, daß die Bezeichnung der verschiedenen Fehler im englischen Sprachgebrauch sehr unterschiedlich ist. Eine neue kritische Auseinandersetzung gibt CHAO [114]. Im Einkanalbetrieb unterscheidet er den Gleichlauffehler (flutter), dessen Zeitintegral der Zeitfehler (time base error; TBE) ist. Er führt weiter die Zeitfehlerdifferenz zwischen zwei Proben (time base error difference; TBED) und den Zeitfehler zwischen zwei Kanälen (interchannel time base error; ITBE) ein. Lediglich der letzte Fehler entspricht den vorangegangenen Betrachtungen. In der Arbeit von CHAO werden die Begriffe genau erläutert und mit den anderen englischen Begriffen verglichen.

Der Einfluß des Gleichlauffehlers auf den Zeitfehler ist in [115] behandelt. Da er in den meisten Fällen der Mehrspuraufzeichnung jedoch sehr gering ist, soll hier dieser Hinweis genügen.

2.9. Betriebssicherheit

In die Betriebssicherheit von Magnetbandgeräten gehen so vielfältige Faktoren ein, daß eine allgemeine Übersicht schwer fällt. Hinzu kommt, daß über dieses Gebiet so gut wie nichts publiziert wurde. Der Grund mag darin liegen, daß meist nur empirische und daher schwer verallgemeinerungsfähige Werte vorliegen. Er kann aber auch darauf beruhen, daß diese Frage als zu unwissenschaftlich gilt.

Hier sei das Problem der Betriebssicherheit in die Gebiete des Bedienungskomforts, der Störanfälligkeit und der Servicefreundlichkeit geteilt.

Der Bedienungskomfort der Magnetbandgeräte ist je nach Anwendungszweck beträchtlich. Er ist ständig gestiegen und wird dies auch weiter tun. Selbst beim Heimtongerät sind heute Tasten- und Fernsteuerung durchaus üblich. Auch die Kassettentechnik bringt erhebliche Vorteile. Im Studio wird sie jedoch wegen des notwendigen Bandschnittes in absehbarer Zeit kaum Bedeutung gewinnen.

Bei Meßwertspeichern ist häufig der universelle Einsatz wichtiger als eine einfache Bedienung. Schließlich ist hier damit zu rechnen, daß Fachleute die Geräte bedienen. So ist es verständlich, daß es bei vielen Geräten noch notwendig ist, beim Wechsel der Bandgeschwindigkeit elektronische Baugruppen auszutauschen.

Bei den Digitalgeräten steht der Bandwechsel für die Bedienung im Vordergrund. Infolge der Größe der Spulen und ihrer notwendigen präzisen Führung ist er z. T. nicht ganz einfach. Für Sonderanwendungen existieren bereits Kassettengeräte.

Die Störanfälligkeit der Magnetbandgeräte ist infolge der hochpräzisen mechanischen Bauteile beträchtlich. Zwei interessante Veröffentlichungen, allerdings aus den Jahren 1951 und 1953, stammen hierzu von Enkel [116], [117]. Einmal wird die Bedeutung der richtigen Schmierung und im anderen Fall die Wahl des richtigen Zeitpunktes für die Überholung gezeigt. Wenn inzwischen auch die Geräte erheblich besser geworden sind, so ist doch zumindest auch noch heute das Verhältnis der Ausfallzeiten interessant. 50% der Transportwerke fielen nach 18 Tagen, die Kondensatormikrofone nach 16 Wochen und der Gestellverstärker nach 7 Monaten aus (vgl. Abb. 69). Dies bedeutete, daß der Turnus der Überholung auf 6 Tage, 4 Wochen bzw. 2 Monate festgelegt

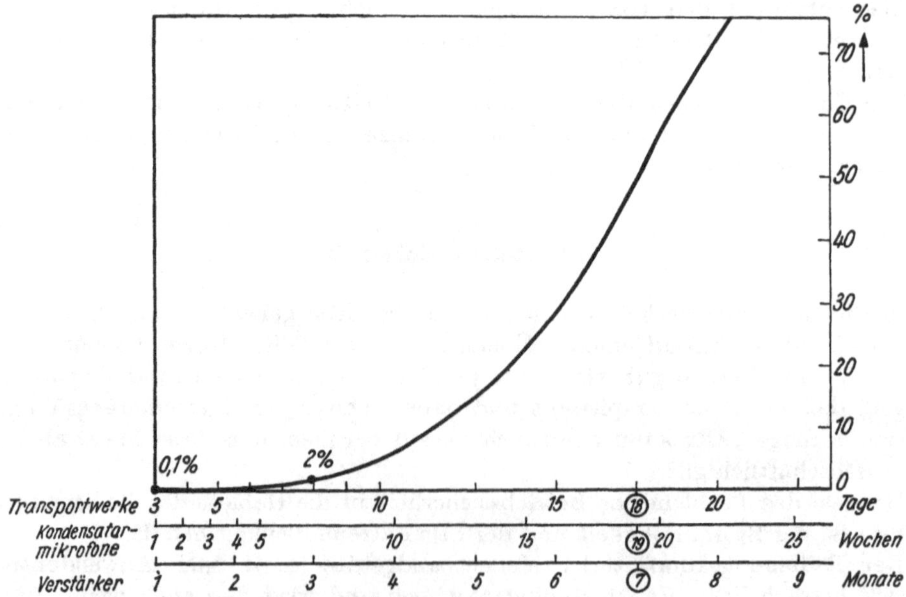

Abb. 69. Skala der Ausfallkurven nach Enkel [117]

wurde. Die jeweilige Arbeitszeit für die Durchsicht und Reparatur lag entsprechend bei 2,5; 0,8 und 1,8 Stunden je Gerät. Auch hier zeigt sich wieder der hohe Anteil für die Magnetbandgeräte. In dem Beitrag ist nicht erwähnt, ob bei den Ausfällen zwischen Früh- und Ermüdungsfällen zu unterscheiden war (vgl. Abb. 70 und [118]). Da es sich aber um den Routinebetrieb von Geräten handelt und eine Exponentialkurve benutzt wurde, dürften beide Einflüsse fehlen.

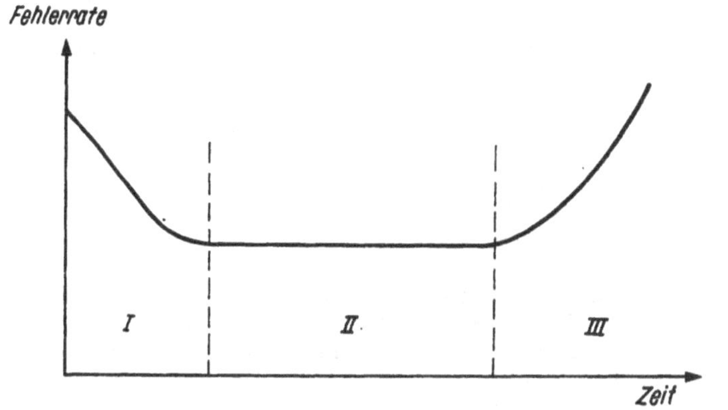

Abb. 70. Fehlerrate in Abhängigkeit von der Betriebszeit.

Bereich *I* geht in erster Linie auf Fertigungsfehler zurück (Frühausfälle)

Bereich *III* entsteht durch Alterung und Verschleiß. Es ist möglich, diese beiden Bereiche im Betrieb zu vermeiden.

Bei der Betriebssicherheit der Magnetbandgeräte ist aber auch ihr Einsatzgebiet zu berücksichtigen. Aus vielerlei Gründen werden Studiogeräte und noch mehr die Speicher der Rechentechnik unter eng tolerierten Raumbedingungen betrieben. Doch auch hierbei bereitet u. a. die entstehende Eigenerwärmung erhebliche Probleme. Schwieriger sind natürlich die Probleme bei den transportablen Heim- und Reportagegeräten. Ganz problematisch wird es jedoch bei den verschiedenen Meßwertspeichern. Sie müssen z. T. unter extremen Temperatur- und Klimabedingungen arbeiten. Sie dürfen aber auch nicht bei extremen Beschleunigen (Satelliten) versagen.

Die Servicefreundlichkeit aller Geräte ist in der letzten Zeit erheblich dadurch gestiegen, daß immer stärker abgeschlossene und leicht auswechselbare Bausteine Anwendung finden. Dies begann bei den Studiogeräten mit den leicht auswechselbaren Kopfträgern. Heute verwenden die meisten Meß- und Datenspeicher ähnlich präzise vorjustierte Magnetköpfe. Dann folgten die elektronischen Baugruppen, und heute gibt es Geräte, die fast ausschließlich aus leicht austauschbaren mechanischen Baugruppen bestehen.

2.10. Literatur

[1] TGL 200–7001. Magnetspeichertechnik – Begriffe.

[2] Völz, H.: Beitrag zur Geschichte und Systematik der Magnetspeichertechnik. Hochfrequenztechnik u. Elektroakustik **74** (1965) H. 2, S. 47–56.

[3] Davis, G. L.: Magnetic tape instrumentation. McGraw Hill, New York, Toronto, London, 1961.

[4] Winckel, F.: Technik der Magnetspeicher. Springer-Verlag Bln./Gött./Heidelberg 1960.

[5] Meier, O. W.: Das Laufwerk des Reporter-Magnettongerätes. Techn. Mitteilg. des BRF **3** (1959) H. 1/2, S. 12–21.

[6] Brauns, H.: Die Entwicklung der modernen Magnetophontechnik. Fortschritte der Funktechnik Bd. 7/8, S. 354–383. Franckh'sche Verlagsbuchhandlung W. Keller & Co., Stuttgart 1950.

[7] Knochenhauer, F.: „Music-center" ein neuartiges Heimtongerät. Funk-Technik **20** (1965) H. 5, S. 337–340.

[8] Hinze, A.: Verbesserte Aufnahme- und Wiedergabeanlagen für perforierten Magnettonfilm. Kino-Technik **15** (1961) Mai, Nr. 5, S. 147–152.

[9] Brown, B.: Digital tape transports. Instruments Control Syst. **38** (Nov. 1965) Nr. 11, S. 97–102.

[10] Poumakis, E.: Schritt-Transportwerk für Magnetband (mit 7200 Zeichen pro Sekunde). Instrum. Control Syst. (Pontica III) **38** (April 1965) Nr. 4, S. 113–116.

[11] Schwarz, K.: Magnetische Bildaufzeichnung nach dem Ampex-Verfahren. Funk-Technik **13** (1959) H. 4, S. 100–102.

[12] Haas, H.: „Optacord 500" ein Bildbandgerät für das industrielle Fernsehen. Kino-Technik **16** (1962) H. 11, S. 279–281.

[13] Lippert, W., und Gunka, H.: Einrichtung zum Auffinden von Tonstellen auf dem Magnetophonband. Funk u. Ton **2** (1948) März, Nr. 3, S. 125–132.

[14] Springer, A. M.: Über Aufbau und Zweck des Informationswandlers. Frequenz **15** (1962) H. 2, S. 3–4.

[15] Springer, A. M.: Rotierende Mehrfachköpfe. Gravesaner Blätter **6** (1961) H. 21, S. 38.

[16] Springer, A. M.: Fortschritte auf dem Gebiet der Magnettonaufzeichnung. Frequenz **3** (1949) H. 2, S. 38–47.

[17] Springer, A. M.: Zeitraffung und -Dehnung bei der Tonbandwiedergabe. Funkschau **33** (1961) H. 24, S. 1–4.

[18] Völz, H.: Zur Frequenztransponierung durch rotierende Magnetköpfe. Hochfrequenztechnik u. Elektroakustik **71** (1962) Nr. 5, S. 173–180.

[19] Völz, H.: Auswirkungen und Anwendung von Geschwindigkeitsänderungen bei der Magnetspeichertechnik. Hochfrequenztechnik u. Elektroakustik **73** (Nov. 1964) Nr. 5, S. 153–156.

[20] Lange, F. H.: Anwendung der Korrelationsanalyse in der Nachrichtentechnik. Teil III: Korrelationsanalysatoren. Nachrichtentechnik **6** (April 1956) H. 4, S. 148 bis 154.

[21] Bürger, E.: Speicherverfahren bei Büromaschinen. Neue Technik im Büro **7** (1963) H. 6, S. 181–186.

[22] Böhme, L.: Elektrografie und Magnetografie zur Klarschrifterzeugung. Neue Technik im Büro **10** (1966) H. 2, S. 46–51.

[23] Scheidhauer, K.: Magnetische Zeichenerkennung – ein Automationshilfsmittel. radio mentor **31** (1965) H. 6, S. 488–490.

[24] Magnetkartenspeicher ICT 1564. Elektron. Rundschau **18** (1964) H. 9, S. 487.

[25] Magnacard – eine Synthese aus Magnetband und Lochkarte. Elektron. Rundschau **14** (1960) H. 7, S. 283–284.

[26] SCHRÖTER, O.: Der Magnetplattenspeicher. Elektron. Rundschau **11** (1957) Nr. 4, S. 109–112, 117–118.

[27] BODENSTEIN, C., und OTTO, R.: Der Folienspeicher, ein Gerät zur Aufzeichnung von Fernseh-Signalen. Rundfunktechn. Mitteilg. **6** (Mai 1962) Nr. 3, S. 102–105.

[28] BÜRGER, E.: Elektrische und Mechanische Probleme beim Trommelspeicher. Wiss. Zeitschr. d. TH Dresden **10** (1961) S. 999–1007.

[29] BIEDERSTEDT, U.: Der Magnettrommel-Speicher. Regelungstechnik **7** (1959) H. 3, S. 81–85.

[30] WILLIS, D. W., und GWILLIM, D. T.: The Design of A Vacuum Capstan For a Computer Magnetic tape Transport. International Conference on magnetic recording London, Juli 1964, S. 122–125.

[31] HARRISON, H. M.: The Development of a high-performance Tape Handler. J. Brit. IRE (Nov. 1960) S. 841–856.

[32] NESPER, E.: Der Radio-Amateur Broadcasting. Springer-Verlag Berlin (1924) S. 194–196.

[33] JURA, ST.: Elektrostatische Systeme zum Starten und Stoppen in Magnetbandspeichern. Stroje zpracovani inform. **11** (1965) S. 85–106.

[34] VÖLZ, H.: Das Antriebssystem bei Magnetbandgeräten. Nachrichtentechnik **9** (1959) H. 12, S. 537–543.

[35] HÜTTE: Des Ingenieurs Taschenbuch; I. Theoretische Grundlagen 28. Aufl. Verlag W. Ernst u. Sohn, Berlin 1955.

[26] HAASE, H.-J.: Probleme der mechanischen Konstruktion und Störerscheinungen beim Tonbandantrieb für nichtprofessionelle Magnettongeräte. Microtechnic XVIII (1964) Nr. 4, S. 194–199, Teil II Nr. 5, S. 257–260, Teil III Nr. 6, S. 356–361.

[37] GRIGORIJEW, I. W.; LUARSABISVALI, D. G., und NEPOMNJASCIJ, E. F.: Optimierung der charakteristischen Eigenschaften von Antriebssystemen für Magnetbänder. Kino- u. Fernsehtechnik (russ.) **10** (1956) Nr. 2, S. 43–49.

[38] NEUMANN: Private Mitteilung.

[39] PETERMANN, W.: Das Tonbandgerät. Funktechnik **1** (1952) S. 24, 54, 78–79, 147–149, 179–182.

[39a] ANDREWS, D. R.: Broadcast tape speed control. Electronics **7** (1951) H. 24, S. 120.

[40] JARCZYK, F.-C.: Die Messung der Bandgeschwindigkeit. Funk-Technik **19** (1964) H. 7, S. 231–232.

[41] MINNICH, G.: Ein Verfahren zur Bestimmung der absoluten Bandgeschwindigkeit. radio u. fernsehen **15** (1966) H. 12, S. 359–360.

[42] FRIELINGHAUS, K. O.: Filmaufwicklung und Filmumwicklung. Bild u. Ton **13** (1960) H. 3, 4, 5, S. 66, 136, 102.

[43] WINTERBOTTOM, J. F., und PANTER, J. V.: Effects of angular acceleration and ambiert changes on spooled magnetic tape. International conference on magnetic recording London 1964, S. 11–14.

[44] VÖLZ, H.: Beitrag zur Konstanthaltung des Bandzuges bei Magnetbandgeräten. Nachrichtentechnik **9** (1959) H. 4, S. 181–186.

[45] ZWICKY, P., und HIRSCH, F.: Neues Verfahren zur Regelung des Bandzuges beim Studer „A 62". Kinotechnik **17** (1963) H. 7, S. 199–200.

[46] EYMANN, B.: Bandzugschwankungsmesser. Diplomarbeit Institut f. Elektro- und Bauakustik der TU Dresden, Januar 1961.

[47] WITTIG, W.: Untersuchungen am Laufwerk eines Tondbandgerätes mittels Bandzugmessung. Feinwerktechnik **67** (1963), Teil I H. 9, S. 365–370, Teil II H. 10, S. 397 bis 405.

[48] NOZICKA, P.: Eine elektronische Bandzugwaage für Tonbandgeräte. radio mentor **31** (1965) H. 1, S. 12.

[49] MEIER, O. W.: Persönliche Mitteilung.

[50] Völz, H.: Anwendung des Kohledruckreglers für die Bandzugstabilisierung. Konferenz über die Signalspeicherung auf beweglichen magnetischen Medien Budapest, Haus d. Technik, 1962.
[51] Grave, H. F.: Elektrische Messung nichtelektrischer Größen. Akad. Verlagsges. Geest u. Portig K.-G. Leipzig (1962).
[52] Lierce, D. E.: High output transducer makes tape tensioning simple. Control-Engng. 7 (1960) H. 8, S. 140.
[53] Vollmer, E., und Rank, W.: Ein neues Verfahren zur Konstanthaltung des Bandzuges bei Magnetbandgeräten. Elektron. Rundschau 14 (1960) Okt. H. 10, S. 414, 417–418, 421.
[54] Arndt, W.: Persönliche Mitteilung.
[55] Gräfe, W.: Interner Bericht.
[56] Zimmermann, I.: Einrichtung zur genauen Winkelbestimmung von Magnetbandaufzeichnungen. Techn. Mitteilg. BRF 2 (1958) H. 1, S. 16–19.
[57] Völz, H.: Interner Bericht.
[58] Altrichter, E.: Methoden zur Einstellung der Spaltrichtung und zur Messung des Aufzeichnungswinkels bei Magnetbandanlagen. Nachrichtentechnik 6 (1956) H. 9, S. 214–215.
[59] Einjustierung des Grundig Stereo-Tonkopfes. Grundig Technische Information (1959) H. 3, S. 35.
[60] Hartmann, G.: Zum Bremsvorgang bei Magnettongeräten. Elektron. Rundschau 12 (1958) H. 2, S. 45–49.
[61] Voget, A.: Beschleunigungsstrom-Aufschaltung bei Haspelantrieben. Elektron. Rundschau 13 (1959) H. 3, S. 88–89.
[62] Wolf, W.: Das Antriebssystem des Magnettongerätes R 700. Techn. Mitteilg. RFZ 9 (1965) H. 2, S. 62–65.
[63] Behren, R. A.: Precision reels for instrumentation recording. Sound Talk Nr. 36 (Hausmitteilung der Fa. Scotch).
[64] Försterling, A.: Die Magnetbandorganisation bei den Rechenzentren der DBP. Zeitschr. f. Post- u. Fernmeldewesen 18 (1963) S. 705–712.
[65] Kühn, F.: Tonband-Kassettengeräte (Versuch eines Überblicks). Funkschau 37 (1965) H. 17, S. 467–469.
[66] Auf dem Wege zum automatischen Magnetbandgerät. Funk-Technik 14 (1960) H. 19, S. 688–689.
[67] Sabamobil. Funk-Technik 18 (1964) H. 6, S. 177.
[68] Zwei Kassettensysteme – und wie weiter. Funkschau 37 (1965) H. 17, S. 452.
[69] Brauns, H.: Cassetten-System „DC International“ und Cassetten-Tonbandgerät „C 100“. Funk-Technik 19 (1965) H. 17, S. 664–667.
[70] Geisthardt, K.-H.: Cassetten-Recorder „3310“. Funk-Technik 20 (1966) Nr. 12, S. 453–455.
[71] Christian, E.: Die Aufzeichnungstechnik des „Systems DC-International“. Funk-Technik 20 (1966) H. 10, S. 383–385.
[72] Tolk: Unveröffentlichte Untersuchung des RFZ.
[73] Stark, K. W., und White jr., A. F.: Continuous loop recorders. Instruments and Control System 39 (1966) H. 4, S. 101–103.
[74] Cousino, B. A., und Cousino, R. E.: A Continuous Loop Magnetic Tape Cartridge. J. of the Audio Engng. 6 (Jan. 1958) H. 1, S. 49–57.
[75] Tonband-Endlos-Spule. Funkschau 36 (1964) H. 15, S. 410.
[76] Wilson, A. M.: Zuverlässigkeits- und Ausfalluntersuchungen von Langspielschleifen. IRE Internat. Conv. Rec. 8 (1960) Pt. 9, S. 170–178.
[77] Mackenzie, G. L.: Eine Kassette für eine endlose Magnetbandschleife und ihre Verwendung. J. SMPTE 68 (März 1959) S. 119–120.
[78] The carousel-memory (Der Karussell-Speicher). Data Processing 3 (Apr.–Juni 1961) Nr. 2, S. 126–130.

[79] Facit Magnetband-Speicher ECM 64. Bürotechn. u. Automation **1** (1960) H. 1, S. 16.

[80] SCHUFF, K. K.: Großraumspeicher und ihre Anwendung in der Datenverarbeitung. Elektron. Datenverarb. **4** (1962) H. 2, S. 49–58.

[81] Speicherung mit wählbarem Zugriff auf dem Magnetband. Data Processing **7** (März/Apr. 1965) H. 2, S. 112–113.

[82] MAIER, H.: Laufwerke und Magnetköpfe für Magnetband-Registriergeräte. Elektronik **13** (Sept. 1964) H. 9, S. 257–262.

[83] HADADY, R. E.: Iso-elastic tape drive. Instruments and Control Systems (1966) H. 4, S. 111–112.

[84] TETZNER, K.: Einige Neuerungen bei Video-Aufzeichnungsgeräten. Funkschau **39** (1967) H. 19, S. 615–616.

[85] VÖLZ, H.: Auswirkungen und Anwendungen von Geschwindigkeitsänderungen bei der Magnetspeichertechnik. Hochfrequenztechnik u. Elektroakustik **73** (1964) H. 5, S. 153–156.

[86] MEIER, O.: Messung der Gleichlaufschwankungen eines Tonmotors mit Hilfe eines Kopfträgers mit veränderlichem Abstand Hörkopf–Sprechkopf. Nachrichtentechnik **6** (1956) H. 5, S. 217–218.

[87] GUCKENBURG, W.: Verzerrungen durch mechanische Störungen an Magnettonanlagen. Funk und Ton **8** (1954) H. 6, S. 312–322.

[88] Magnetic tape study. Second Quarterly Progress Report Signal Corps, Contract DA 18-110-sc. 42 June–September 1958 (zitiert in 89).

[89] WÄSSERLING, H. G.: Die Messung mechanischer Fehler an Magnetbandlaufwerken und ihrer Auswirkungen auf gespeicherte Videosignale. Dissertation an der Techn. Hochschule Hannover (1963).

[90] DETZ, E.: Mechanische Einflüsse auf die Wiedergabequalität von tragbaren Tonbandgeräten. Funkschau **36** (1964) H. 22, S. 589–590.

[91] BELGER, E., und HEIDORN, G.: Über die Längsschwingungen von Magnettonbandgeräten. Rundfunktechn. Mitteilg. **3** (1959) S. 51–55.

[92] ASCHOFF, V., und DROOP, F.: Über den Einfluß der elastischen Eigenschaften von Tonbändern auf die Tonhöhenschwankungen von Magnettongeräten. Westdeutscher Verlag Köln u. Opladen 1963.

[93] STEINHORST, W.: Theoretische Betrachtungen zum elastischen Verhalten von Tonbändern. Feinwerktechnik **70** (1966) H. 3, S. 114.

[94] STEINHORST, W.: Elastische Longitudinalschwingungen in Tonbändern, speziell bei Stick-Slip-Anregung. Feinwerktechnik **70** (1966) H. 4, S. 172–184.

[95] REICHARDT, W.: Grundlagen der Elektroakustik. Akadem. Verlagsges. Geest & Portig KG. Leipzig 1967.

[96] WOLF, W.: Untersuchungen der Gleichlaufschwankungen an einem Magnettongerät mit Hilfe elektromechanischer Analogien. Hochfrequenztechnik u. Elektroakustik **69** (1960) H. 2, S. 41–52.

[97] WOLF, W.: Mechanisch-elektrische Analogien bei der Filterung von Antrieben der Elektroakustik. Techn. Mitteilg. des BRF (1961) H. 1, S. 1, H. 2, S. 49–58.

[98] WOLF, W.: Untersuchung von verschiedenen Möglichkeiten des Antriebes von Magnettonlaufwerken mit Hilfe elektrisch-mechanischer Analogien. Konferenz über die Signalspeicherung auf beweglichen magnetischen Medien Budapest 1962, S. 435–443.

[99] BÉKÉSY, G. v.: Akustische Zeitschrift **6** (1941) S. 1.

[100] SCHMIDT, M.: Bau einer doppelten kapazitiven Meßsonde zur Registrierung akustischer Schwingungen. Diplomarbeit Universität Greifswald 1958.

[101] DARRÉ, A.: Messung von Drehzahlschwankungen. Frequenz **17** (1963) H. 1, S. 12–14.

[102] GELUK, J. J.: A Method of Measuring Tape-Speed Fluctuations in Magnetic Recording. EBU Review (1958) Okt., No. 51, S. 1–4.

[103] DINGLEY, E. N.: Measurement the stability of sonic recorders. IRE Trans. Audio PGA-7 (Mai 1952) S. 20–23.

[104] SWEENEY, J. F.: A method for measuring the changes introduced in recorded time intervals by a recorder-reproducer. IRE Trans. Audio PGA-7 (Mai 1952) S. 24–30.
[105] GOX, L. G.: A wide-range wow and flutter indicater. J. SMPTE 71 (1962) H. 1, S. 9–12 und H. 6, S. 428.
[106] VOLLMER, H.: Messungen von Tonhöhenschwankungen. Funk u. Ton 6 (1952) Nr. 4, S. 169–175.
[107] BELGER, E.: Zur Messung von Tonhöhenschwankungen. Rundfunktechn. Mitteilg. 2 (1958) H. 4, S. 168–169.
[108] BÄDER, K. O.: Messungen von Tonhöhenschwankungen. Kinotechnik (1962) H. 5, S. 117–119.
[109] KRASTEL, O.: Meßgerät für Frequenzschwankungen bei Schallspeichergeräten. Radio Mentor 28 (1962) H. 1, S. 45–49.
[110] ISCHYTKIN, J. M.: Neues Gleichlaufmeßgerät (russ.). Kino- u. Fernsehtechnik (1964) H. 2, S. 68–70.
[111] VICTOR, M.: Tonhöhenschwankungsmesser für Laboratorium und Werkstatt. Funkschau 37 (1965) H. 23, S. 649–651.
[112] ENKEL, F.: Betriebsmäßige Messung von Gleichlaufschwankungen an Magnetofonen. Funk u. Ton 2 (1949) S. 104.
[113] HOEG, W., und ARNOLD, P.: Zur Frage der Auswirkung von Pegel- und Phasendifferenzen zwischen zwei Stereo-Kanälen. Techn. Mitt. RFZ 7 (1963) H. 4, S. 171 bis 177.
[114] CHAV, S. C.: Flutter and time errors in instrumentation magnetic recorders. IEEE Transactions on aerospace and electronics systems AES 2 (1966) H. 2, S. 214–223.
[115] SKOV: Pulse time displacement in high density digital magnetic tape recording. IBM Journ. Res. & Development (1958) H. 2, S. 130–141.
[116] ENKEL, F.: Schmieren von Magnetophan-Laufwerken. Techn. Hausmitt. NWDR 3 (1951) S. 84–87.
[117] ENKEL, F.: Die Wartung der elektroakustischen Anlagen im Funkhaus Köln. Techn. Hausmitt. NWDR 5 (1953) S. 109–114.
[118] GIESELER, H.: Die Zuverlässigkeit elektronischer Bauelemente und Geräte. ATM J 010-G (1968) H. 4, S. 75–78.

SACHVERZEICHNIS

Zeitfracht Medien GmbH
Ferdinand-Jühlke-Straße 7
99095 Erfurt, Deutschland
produktsicherheit@kolibri360.de